青弓社
109
ライブラリー

ケアする声のメディア

ホスピタルラジオという希望

小川明子

青弓社

ケアする声のメディア

ホスピタルラジオという希望

目次

第1章 「声のコンテンツ」を介したコミュニケーション

装画——金井真紀
装丁——Malpu Design［清水良洋］

序章　ケアするラジオ

1　閉鎖空間としての病院

二〇〇五年八月のことだった。個人的なことだが、当時三歳だった息子がサルモネラ症で入院し、一週間ほど付き添った。息子が退院した数日後、緊張が緩んだのか、今度は七十代後半の父がラムゼイハント症候群で入院した。医師は、あっという間に意識を失った父を診察して、このまま死亡する確率が三分の一、後遺障害が三分の一、元気になる確率は三分の一という数字を告げて病室を立ち去った。一人っ子の筆者と高齢の母は、先がみえない不安に押しつぶされそうになりながらも、職場が夏休みだったこともあって、毎日交代で看病に通い、日々刻々と変わる状況に一喜一憂した。

病院という施設はまるで、日常生活を健康で送れることがどれほどありがたいことかを実感するためにあるような空間である。社会でどんなに高い地位にあり立派な業績を残していても、患者になればみんな、同じ寝間着を着せられ、栄養重視で味が薄い料理を与えられ、驚くほど早い時間に強制消灯されて一日が終わる。音に関するプライバシーもなく、筒抜けだ。ほかの患者のいびきや呻き声、医療機器の警報音や見回りの看護師の検診などで、いったん夜中に目が覚めてしまえばなかなか再び寝付けない。こうして眠れなくなったとき、前向きなことを考えて過ごせる人はまれだ。

また、最近では生花の持ち込みが禁止されている病院も多いため、窓が閉め切られた病室では、風を感じたり、季節の移り変わりを意識したりすることも難しい。カード度数を気にしながらテレビを見ても、いま病院にいる自身との状況が違いすぎて、あまり長いこと見る気になれない。やがて少し病状がよくなると、動ける範囲が広がっていくことだけが楽しみになり、同じような状況の患者と目が合えば、互いの状況を話して苦しみを吐露しあう。

見舞う家族のほうも、多忙なために十分に看病できないなどで自責の念に駆られたり、自分自身が心配や不安から精神的に行き詰まったりもする。いまでこそ、大きな病院には傾聴ボランティアがいる場合もあるが、家と職場と病院を往復しているような忙しい状況ではゆっくり相談している暇もないだろう。必ず回復するわけでもなく、見通しがきかない状況で、患者は家族を、家族は患者を互いに思いやるあまりけんかになることも多い。せっかく見舞いにきたのに、思うようなコミュニケーションをとれず、悲しい気持ちで帰途に就くようなこともあるだろう。

その後も、筆者は両親を看取るまで何度か病院に通ったが、このような状況はあまり変わらなかった。夜、病室から立ち去るときの不安と悲しみ。家族がいないときに父や母がどう過ごしているのかと考えたときの寂しさ。日々の仕事に遊びに忙しい友人たちに告白するのもためらわれ、こうした気持ちに応えてくれる「何か」がないのかと、強く思った。

2　ホスピタルラジオとの出合い

入院生活は、筆者は患者の家族としての経験しかない。病気に苦しむ患者には患者なりの意見があるだろうし、人によっても病院に対するイメージや経験は大きく異なるだろう。望むサービスも人それぞれだろう。しかし、子どもと父の看病のころにイギリスにホスピタルラジオというものがあると聞き、妙に納得した。ホスピタルラジオとは、主にイギリスの病院で、入院患者を気分的に慰め、回復を助けることを目的に設立された取り組みで、現在はほとんどの大病院にあるという。この話を聞いたときは、自分と同じようなことを考える人がいたのだと驚いた。毎晩深夜ラジオを聞いて十代を過ごした筆者は、病人や家族の支えとして必要な「何か」になんとなくラジオをイメージしていたからだ。

なぜ、ラジオなのだろう。

深夜番組では、喜怒哀楽を感じた日常の出来事についてリスナーがパーソナリティーにメッセージを送ったり、ちょっとした思いをリクエスト曲に添えて送ったりといった参加型のコミュニケーションが繰り広げられていた。パーソナリティーは何か根拠があるようなちゃんとしたアドバイスをするわけではない。パーソナリティーと接触をもつことは、専門のカウンセラーにじっくりと話なんとなく、答えを聞いてもらいながら将来について考えるようなコミュニケーションとは違う。なんかいらないから、誰かにいまの気持ちをわかってほしい、誰かとつながっていたい、というコミュニケーションがそこにはあった。ほかのリスナーも自分とさほど変わらない誰かの経験談を聞いて、一緒に笑ったり、考えさせられたりしていたと思う。

その後、イギリス出張の合間に、ウェールズでホスピタルラジオを訪問する機会を得た。まず驚いたことは、総合病院のスタジオがかなり本格的な設備だったことだ。おびただしい数のレコードやCDが並んでいて、日本のコミュニティ放送局ほどのしつらえだった。そこにはボランティアでDJをしている中年男性と音響操作を担当する若い男性がいて、番組を生放送している。DJの男性は、せっかくだから番組に出ないかと人懐っこい笑顔で誘ってくれた。そして、なぜイギリスまで来てわざわざホスピタルラジオを見にきたのか、日本にはないのかなどと筆者たちに質問し、リクエスト曲を尋ねた。どの歌手がイギリス人かアメリカ人かわからないポップス音痴の筆者が、唯一イギリス人と断定できたビートルズの曲をリクエストすると、彼はウインクをしながらご機嫌な様子でイギリスの代表的な曲だね、と紹介した。彼のしゃべりは流暢で、筆者にはプロと変わらないように聞こえた。番組中に患者とのメッセージのやりとりなどはなく、誰がどのように聞いているかはよくわからないまま放送は終わった。放送後、病棟で、患者が昔の飛行機で配られていたチューブのようなイヤホンを枕元のジャックに差し込んで聞く様子が見学できた。退院する患者が感謝を述べにスタジオを訪れたり、ラジオを聞いていた患者が運営に関心をもって自ら関わったりするケースもときどきあるという。電波は出していない仕組みだから、日本の学校放送がベッドサイドのイヤホンで聞ける、という説明がわかりやすいだろうか。

このときの訪問は短い時間で、またＤＪが一人でおしゃべりする内容だったので、筆者は正直、もっと深いメッセージが行き交う番組を予想していたところ拍子抜けもした。ただこうした立派な施設がほとんどの大病院に設置されているという点に、ＮＨＳ（国民保健サービス）に代表されるイギリスの医療システムの懐の深さを感じ、またボランティアで運営しているという点にも、キリスト教的チャリティーの存在を感じた。のちに調べてみてわかったことだが、ボランティアで運営されているホスピタルラジオの内容や仕組みは、地域や病院の規模、ボランティアの雰囲気やモチベーションによって多様であり、筆者が見せてもらったものはほんの一例にすぎなかった。

この経験をもとに、ホスピタルラジオについて調査や実践を続けているうちに関係者の関心を呼ぶことになり、それが日本初のホスピタルラジオ誕生のきっかけになった。詳しくは後述するが、二〇一九年十二月に開始された、藤田医科大学病院のホスピタルラジオ「フジタイム」は、現在も彼らなりのやり方でその運営を模索しつづけている。

3　話題になった『病院ラジオ』――サンドウィッチマンと病棟の人たち

二〇一八年八月、『病院ラジオ』というテレビ番組が海外の取り組みを参考にしてＮＨＫで初めて放送され、話題を呼んだ。ＮＨＫのウェブサイトでは番組の紹介に、「患者や家族の日ごろ言えない気持ちをリクエスト曲とともに聞いていく。ラジオを通じてさまざまな思いが交錯する、笑いと涙の新感覚ドキュメンタリー」と書いてある。東北出身のお笑いコンビ、サンドウィッチマンがポータブルのラジオ局を病院内に設置し、患者や家族、医療関係者の話を聞くインタビューと院内の様子をまとめたドキュメンタリー番組は、国立循環器病研究センター（二〇一八年八月九日）の回に始まり、「子ども病院編」（国立成育医療研究センター、二〇一九年四月二十九日）、「がん専門病院編」（国立がん研究センター中央病院、二〇一九年八月七日）、「依存症治療病院編」（国立病院機構久里浜医療センター、二〇二〇年二月十一日）などと続き、二四年二月までに十二回が不定期で放送されている。

これはベルギーの公共放送制作のドキュメンタリー番組『RADIO GAGA』（VRT、二〇〇五年―）のシンジケートプログラムに似ているが、いずれもテレビ番組なのに、「ラジオ」を名乗って放送している点が興味深い。個人の話をひたすら聞いて対話することが、「ラジオ」というメディアに特有の様式として認識されている。

この番組の「ディレクター サトウ」は、ベルギーの『RADIO GAGA』を見て、十代のときに病院で母を失った経験と、その後の自らの闘病生活を思い出し、次のような考えから番組を企画したという。

生と死が交錯する病院。
さまざまな人たちが、思い思いに過ごしている病院。

いろんな世代のたくさんの人が過ごしているけれど、それぞれがどんな思いで過ごしているのかは知らない。

誰かに打ち明けたいけれど、誰にも言えない思い。

ひとりぼっちの孤独。

もしあのとき、「病院」に出張ラジオ局がきて、想いを話せる機会があったら。好きな曲をかけてもらえたら。ラジオで話す勇気がなくても、誰かの思いや日々の営み、音楽に触れて、笑ったり泣いたりしながら、時間を過ごせたら。

ひとりぼっちに感じる孤独な気持ちも、少し和らぐかもしれない。

もしかすると、この世界には私と同じように孤独を感じている誰かがいるかもしれない。

その誰かに「病院ラジオ」を届けたい。(1)


サトウは、病院という空間には患者同士の孤独を吐露しあって癒やす機会がなく、だから、話すだけでなく、誰かの苦しみを聞くこともまた孤独を癒やすのではないかと指摘している。

番組では、サンドウィッチマンが待つ仮設のラジオスタジオに患者や家族が次々と訪れ、病気のことや普段感じていること、聞いてほしいことなどをマイクの前で語る。スタジオに入ってくるのはいかにも体調が悪そうな人や見たこともない器具をつけてくる人もいれば、一見、まったく健康そうな人もいる。患者の家族が出演して、患者には隠している思いやつらさを告白することもある。ときには医療関係者が出演し、病院の様子や患者の様子から自らが感じたこと、学んだことを語ることもある。

淡々とした語りのなかに温かみを感じるサンドウィッチマンの人柄と、どんな告白にも適切に返すことができるコミュニケーションの力量があるから成立している側面が大きい。インタビューでは、あまりにも達観した患者のコメントや子どもの反応に意表を突かれて笑ってしまったり、本人や家族が普段言えなかった愛情や感謝、苦しみを告白する姿に涙したり、患者自らが語る病気の情報に驚かされたりと、この番組は確かに「ドキュメンタリー」であり、また深刻になりすぎない良質なエンターテインメントとして視聴できる点も特筆される。

注目したいのはこの番組が、テレビでありながらラジオという形式で作られていることである。つまり、一般のリスナーが番組で話すことができる媒体としてラジオが認識されているということだ。

番組は、サンドウィッチマンがラジオの設備を車に積み込んで出発するところから始まる。病院に向かう車のなかで二人は、多くの人が抱いているような病気や患者、病院に対する典型的なイメージで語っている。病院に着くと、彼ら自身がポスターを貼り、参加者を募り、テントの下にラジオスタジオを設営したりする。

スタジオには一組ずつ参加者がやってきてマイクの前に座り、サンドウィッチマンが話を聞く。病気の概要、いま、考えていること、困っていること。今後はどうしたいのか。あるいは誰かへのメッセージ。テレビカメラは、出演者やサンドウィッチマンなど語り手の顔を順に映し出すが、その間に家族やスタッフ、患者仲間がスマートフォン（スマホ）やスピーカーでラジオを聞いている様子をはさみ、ときには参加者の話のなかに登場する人物の反応も映し出す。インタビューの最後には、出演者にリクエスト曲を尋ね、曲名とその曲を選んだ理由が述べられる。曲が流れている間は、出演者のインタビュー後のリラックスした雰囲気や、普段の様子、家族との関わりの様子が映像で流れる。これらのシーンでは、語りの内容を伝えるだけでなく、語りとのギャップ（多くは語りには現れなかった深刻さ）に驚くこともある。「ラジオ」を冠する番組とはいえ、語りきれなかったことがテレビ映像の力で語られる。

多くの場合、最後にサンドウィッチマンがラジオ局をたたみ、車で帰宅する様子で締めくくられる。帰りの車のなかでの会話は、最初の漠然としたイメージやステレオタイプ的な認識とは異なり、一人ひとりの語り手の姿がはっきりと像を結んでいる。個々の患者の特徴や努力、病気をめぐって会話から得た新しい知識を確認しあって番組は終わる。病院に行って、帰るという、この番組の基本的な構成は、「日常から異世界に行って、帰る」という物語の基本構造そのものである。両義的ではあるものの、患者や家族の語りが基本的にポジティブなトーンで締めくくられること、そして「病院に行って、帰る」という構造になっていることで、視聴者はこの番組を通して、日常を離れて気づきや学びを得るとともに、新たな視点から自らの生や日常を振り返るのだろう。

実際、この番組は頻繁に放送しているわけではないが、ネットなどでの評判は概して高く、継続を期待する声も多い。二〇二一年九月二十日放送時の Twitter（現X）上の#病院ラジオポストは百六十件弱。ほぼ好意的な内容で、約三分の一にあたる五十件が、患者や家族の声を聞いて「泣いてしまった」とまで告白している。コメントも、サンドウィッチマンの司会に対する高評価とどもに、病気や患者に対する固定観念が打ち崩された、患者や家族のがんばりに涙した、などが並ぶ。

コメントには、家族の入院や介護の記憶を振り返りながら視聴していたというものも複数あった。番組内で子どもが小さすぎて病気が見過ごされてしまったことを後悔する母親の語りに、自分に起きた同様の経験を重ね合わせて振り返る感想や、リハビリに取り組む患者の声や姿に自らの家族を重ね合わせるコメントもある。医療・製薬関係者からの、番組を見ると患者や家族の気持ちがわかるといった内容の反応もあった。こうした視聴者のコメントからは、自らの経験と重ね合わせ、想像力をはたらかせて出演者のことを理解しようと試みる様子や、視聴者が番組を見て、自らも何かを表現したいという気持ちになる様子が浮かび上がってくる。

この番組から気づかされるのは、カメラという客観的視座から当事者を捉え、すべてを視覚的に表現しようと試みるテレビドキュメンタリーなどとは異なり、声によるコミュニケーションは発言する当事者が主役であり、それを聞く側は想像力を必要とするということだ。見た目や周りの情報に惑わされることなく、聞き手はその言葉に集中して意識をはたらかせ、自分の知識や過去の経験と重ね合わせながら当事者の状況や気持ちを思い描くことになる。

4　ケアの倫理

ボランティアが作るイギリスのホスピタルラジオと、プロのお笑いコンビが進行する日本の公共放送のテレビ番組とを同列に論じることはできない。しかし、両方とも多少のエゴや演出があったとしても、病気で苦しむ患者たちの話を聞き、自分の力でなんとか励ましたいというコンセプトには少なからず「ケア」の視点が含まれているだろう。

ケアという言葉は、日本でも最近ではケア・マネージャーや緩和ケアなどの専門用語でも使われているから定着しつつある。本来この言葉は、様子を見守る、気遣うといった心理的な意味から、子育てや介護といった現実的な世話、そして医療福祉の専門領域まで含む、幅広く日常的な概念である。二十一世紀になって、日本でも、高齢化や少子化、女性の社会進出という背景から「ケア」の概念や倫理に少なからず注目が集まるようになってきた。

「ケア」を、単なる世話や技術に限って議論するのではなく、道徳や倫理の側面にまで押し広げて議論していこうとする潮流が生まれたのは一九八〇年代のこと。ロナルド・レーガン政権下のアメリカでは、市場原理を重視し、減税と財政支出の抑制、規制緩和などが進められた。その結果、人よりも多くの財を所有することや、個人主義が称賛されがちになっていった。当時、出現したこうしたネオリベラリズム的社会背景のもとで、それまであまり可視化されてこなかった他者への配慮や相互扶助といった「ケア」という道徳の重要性に注目が集まったのである。

この時期、ケアの道徳規範を可視化し、新たに倫理として提起する動きが出てくる。代表的な論者の一人が、発達心理学者のキャロル・ギリガンだった。彼女は、師事した男性心理学者が示した正義感の認知的発達基準に従うと、女性たちが道徳的に未成熟と判断されてしまうことに疑問を抱き、女性たちには別の道徳的な義務感を抱いているのではないかと考えて研究を進めた。その結果、女性たちの反応のなかに、身近な人々への心配りと相互依存を前提とし、人間関係の維持に価値を置く倫理観があることを見つけたのだった。[2]それは、「何が正しいか」を問う従来の男性中心的な価値観のもとでは見つけられなかった新たな倫理の発見だった。

倫理学の川本隆史は、こうして見つけ出されたギリガンの倫理を「ケアの倫理」とし、自立した人間を想定したうえで、原理原則の公正な適用を目指す「正義による倫理」とは異なる倫理観があることを提示している。[3]平たくいえば、ケアの倫理とは、人間を、根本的に弱く、互いに依存する存在として捉え、他者への配慮や社会的責任を重視する「他者への関心によって形成される関係の倫理」[4]である。それは個人の成功、とりわけ私的利害や競争だけを追求するネオリベラリズム的心理に対抗し、人間の絆は市場の交換には還元できないと主張する思想[5]である。本書では、この「ケアの倫理」のもとで、小さな声のメディアがどのような意味をもつのかを考えていきたい。

私たちの社会は、相互依存や、配慮を必要とするケアの仕事や取り組みなしに成り立たないものである。にもかかわらず、そうしたケアに関連する仕事は、資本主義や個人主義のもとで多くが暗黙のうちに女性の役割とされ、低い地位に置かれてきた。[6]ギリガンは、こうして自己犠牲のうちに不可視化されがちだったケアを可視化し、「何が正しいか」を問うのではなく、目の前の他者のニーズに「どのように応じるか」を重視する新たな倫理として提起したのだといえる。それは、人々の弱さと人々の関係性とを結合する新しい人間学の提唱[7]でもあった。

5　ケアのコミュニケーション

　これまで、ケアの倫理は、医療や福祉、教育の分野で論じられてきたが、配慮や相互依存を重視する倫理である以上、コミュニケーションやそれを媒介するメディアとの関わりを抜きにしては考えられない。実際、メディアコミュニケーションの領域でも、ケアの倫理からメディアについて再考する論考が相次いだ。ジャーナリズム論の林香里は、マスメディア・ジャーナリズムはそれまで正義と客観性を掲げ、政治的・経済的な自由・独立を重視してきたが、一方では、目の前の困っている人々に手を差し伸べ、社会的弱者の声を取り上げ、問題を可視化する「ケアのジャーナリズム」が確かに存在していることを指摘した。(8) 例えば、事件や事故、災害や難病に苦しむ人々に手を差し伸べる記事、最近では、家族の世話に明け暮れて自分の時間を十分にもてない子どもたちを「ヤングケアラー」とネーミングすることで可視化し社会問題化して政策に訴える記事など、まさしくケアのジャーナリズムといえるだろう。それらは、政治部や経済部を頂点に政争や汚職、経済のスキャンダルなどを特ダネとして伝えてきた正義のジャーナリズムとは異なるかもしれない。だが、社会面や家庭面などの記事では確かに伝えられてきたもう一つのジャーナリズムである。

　林の議論を踏まえ、メディア論の小玉美意子も「ケアのコミュニケーション」の重要性を論じている。小玉は、それまで新聞や放送などが担ってきた一対多数のマスコミュニケーションを「主流の人々」が送り出す公共的な「メジャー・コミュニケーション」と捉える。一方、これまで電話やメッセージなど一対一でなされる「パーソナル・コミュニケーション」として捉えられてきた様式を、YouTubeやFacebook、Twitter（現X）などソーシャルメディアの進展を踏まえ、独自の情報や考えをほかの人と分かち合うための「シェアのコミュニケーション」と位置づける。そして、メジャー、シェアのコミュニケーションのなかに、その情報や内容に触れることによって人が癒やされ励まされるとともに、生活を安心できるものにし、生きる力を与えられる「ケアのコミュニケーション」という様式があることを指摘した。何らかの困難を抱えた人々を描き、その課題を社会に向けて提起するテレビ・ドキュメンタリー、自分が抱える問題を解決できそうなサービスについて教えてくれるYouTubeチャンネル、落ち込んだ自分を励ましてくれる友人からのメッセージもケアのコミュニケーションになりうるという[9]。

記者の経験をもち、現在は重度の身体障害や知的障害をもつ人々の教育支援活動をおこなっている引地達也も、ケアとメディアが、いずれも社会の問題点を考えてその解決に向けた行為である点で、相性がいい言葉だと指摘[10]している。だから、「考え方であり、在り方であり、同時にテーマ」[11]として「ケアメディア」という用語を設定して、ケアの役割を果たすメディアのありように注目が集まり、多様に実践されていくことに希望を託している。

このように、ケアの倫理という視点からメディアコミュニケーションを見直す論考が日本でも相次いでいる。メディア空間は、コンピューターやインターネットの発達によってこの数十年で飛躍的に増大し、それまで伝えきれなかったような少数派の意見や要望も「シェア」のコミュニケーションによって世界中で共有される環境へと変化している。こうした状況についても、これまでは途上国や少数派の権利など、正義の論理に基づいて分析する論考が多かったように思う。一方で、林や小玉が提起したように、ケアのメディアコミュニケーションはこれまでにも存在していた。しかし、メディアコミュニケーションとケアの倫理とを具体的に結び付ける研究は始まったばかりだ。

6　ホスピタルラジオ研究の射程

本書では、こうしたケアのメディアコミュニケーションを提起する一事例としてホスピタルラジオに焦点を当てる。入院患者の慰みのために設立されたホスピタルラジオが、ケアのメディアコミュニケーションの一例になっていることにはおおむね納得していただけるだろう。ただし、本書の射程は、必ずしも「病院」や「ラジオ」にとどまらない。社会的な孤立は、閉鎖空間にいなくとも起こりうる。メディアを使って、孤独を感じる人々、排除されがちな人々を、どのようにケアできるのかという問題意識に基づき、高齢者施設や、地域社会で多くの人々が出入りしないような福祉事業所の施設、あるいは自室にとどまる人々へと対象の範囲を広げ、互いにケアしあえる状況をメディアがどのように設定できるのかを問うことになる。

かつて、メディア論のジョシュア・メイロウィッツは、『場所感の喪失』で、以前は壁などの物理的障壁で隔てられてきた空間での生活に、テレビやラジオといった電子メディアが隅々まで入り込むことで、自分たちとは異なる社会的状況が物理的境界を超えて可視化されるようになったことを指摘した。そして、それまで境界があることで守られてきた権力者や有名人の権威や神秘性が、スキャンダルや日常の可視化などで低下するとともに、空間を超えた新たな連帯やつながりがもたらされる可能性を論じた。(12) 現代社会でも、アーヴィング・ゴッフマンが「全制的施設(13)」と呼んだ、閉鎖的な形式で空間的・時間的に管理されるさまざまな空間が存在し、そこに生きる人々は、社会的なつながりから切り離され、その存在が不可視化されがちである。そうした人々に対して、物理的境界を超えるメディアは、社会的なケアのコミュニケーションを提供できるのではないか。本書では、病院だけでなく、そうした人々に対するケアのコミュニケーションについても考えてみたい。もちろん、自ら選択して一人でいるという人も少なくないだろう。だから、ケアする／されるという関係だけでなく、ケアされない自由も尊重されなければならないことは言をまたない。

7　ケアメディアとしてのラジオと声のコンテンツ

ケアの倫理が重視しているのは、ケアが一方向的になされるものではないということだ。ラジオというメディアは始まりから現代にいたるまで、マスメディアとして一方向的な情報伝達システムでありながらも、番組のなかではリクエストやメッセージなどでリスナーとの双方向性が重視されてきた歴史をもつ。コミュニティメディアに着目してきたメディア論の金山智子は、近年の新型コロナウイルス感染症拡大下の社会で、ラジオをはじめとする音声メディアが人々の不安や孤独を軽減させているという調査結果をもとに、ケアコミュニケーションを実現するうえでインタラクティブ性に基づくラジオや音声メディアのコミュニケーションに可能性を見いだしている。金山は、ケアする／されるという関係性は一方向的に成り立つものではなく、発信者と受信者とがつながることによって成り立つのであり、そのとき、音声コンテンツ配信などの小さなメディアコミュニケーションでは、発信者側にもケアされる要素があるのではないかと論じている。さらに、ウォルター・オングの言説を引用し、ラジオでは語る人たちと聞く人たちとの間に相手の立場を先取りするフィードバックが存在し、このフィードバックこそがケアコミュニケーションの核心に迫る鍵になるだろうと述べて、その可能性に注目している。[14]

また、声のコンテンツに着目するということは、ナラティヴすなわち語りによって、経験や思いがどう表現され、他者に共有されていくのか、ひいてはそうした表現によって現実がどのように構築されていくのかを考えることでもある。

これまでのメディア研究は、民主的な社会や公共の福祉のために機能する存在であるという考えが基本[15]にあって、個人の欲求や愛情に応えるために機能するものとしては捉えられてこなかった。[16]しかし、本当に民主的な社会を築いていくためには、社会で周縁化されがちな人々の声を聞くことが必要であり、ケアの視点から微視的にメディアの役割を考察していくことが求められるのではないだろうか。本書では、ホスピタルラジオを中心に、小さな音声のコミュニケーション空間に焦点を当てることで、これまであまり重視されてこなかったケアにおけるメディアの役割について考えてみたい。

　もう一つ、最後に大事なことを定義しておく必要がある。それは、ラジオとは何か、ということだ。水越伸は、二十世紀に入って間もなく、無線という双方向のコミュニケーション技術から、番組を構成して聞かせるラジオ放送が発明されて産業として編成され、生活全体を覆っていく様子を描き出した。[17]現在、その逆のことが起こりつつある。一九七〇年代生まれの筆者が考えるラジオとは、放送局のスタジオで生成された音楽や語られた声が電気信号に変えられ、中継局やアンテナを介して電波がラジオで受信され、音声として再生される一連のシステムを意味していた。しかしいま、スマホやインターネットの登場で、伝送路とデバイス、番組とがセットになった従来型「ラジオ」の様式は溶解しつつある。マスメディアとしての「ラジオ」から、スマホなどを介した、もっと身近で発信可能な小さな音声メディアが多様に登場している。したがって、本書で扱う「ラジオ」も伝送路や聴取方法がすべて異なる。詳細は後述するが、第2章「イギリスでのホスピタルラジオの歴史――放送空間を自作する快楽」、第3章「イギリスのホスピタルラジオの現在」で紹介するイギリスのホスピタルラジオは、学校放送のような音声放送の仕組みを介してヘッドホンで聞くメディアであり、また現在はホスピタルラジオの多くが二十四時間放送のインターネットラジオでもある。第4章「病院ラジオを立ち上げる――藤田医科大学「フジタイム」を例に」で焦点を当てる日本のホスピタルラジオは、現在、YouTube やポッドキャスト（Podcast）を音声発信に使っている。第5章「孤立を防ぐ小さなラジオ――二つの実践から」では、高齢者施設に新たなウェブラジオの仕組みを実験的に作り、困難を抱えた人々との実践では地域のコミュニティラジオを活用している事例を取り上げる。

8　本書の構成

　このように本書では伝送手段に留意しながら、基本的にはトーク中心の音声コンテンツ(「声のコンテンツ」)に焦点を当ててケアとの関わりから論じる。

　第1章「「声のコンテンツ」を介したコミュニケーション」では、これまでのラジオのあり方を念頭に置いて、ラジオ番組やポッドキャストなど「声のコンテンツ」を介したコミュニケーションがどのような特性をもつのかについて概観する。これまでラジオ研究は技術や番組、あるいは制度についての研究が多く、声のコミュニケーション自体については十分には着目されてこなかった。本章は、ラジオをはじめとする声のコンテンツを介したコミュニケーションに関しての基礎的な説明を心がける。

　第2章では、ホスピタルラジオが人気になった二十世紀半ばから後半にかけてのイギリスやヨーロッパでのラジオの背景を踏まえて、イギリスのホスピタルラジオの歴史を概観する。「ラジオ」といっても、その制度や番組は国によっても大きく異なる。そこからホスピタルラジオが生まれた意外な歴史がみえてくるだろう。

　第3章では、現在のイギリスのホスピタルラジオの運営がどのように展開されているのか、事例を含めて現状を報告し、メディアにあふれた現代、病院のなかでどのような役割を果たすことが期待されているかをあらためて振り返る。

そして第4章では、日本で始まったホスピタルラジオ「フジタイム」を紹介し、スタッフのインタビューやメッセージカードの分析を通して、その現状と課題を確認する。

第5章では、病院から少し離れ、社会のなかで孤立しがちな人々とラジオとの関係を新たに作り直すために筆者がおこなった実験的な試みを二つ紹介する。病院と同様、個室に閉じこもりがちな高齢者施設でのイベントを居室に中継するという実践と、依存症など困難を抱えた人々がコミュニティラジオを使って発信する実践を通して、表現や発信とケアの関係性について考える。

そして第6章「声のコンテンツとケア」では、それまでの議論を踏まえ、対話と語り、ナラティブという視点から、ケアと声のメディアについてまとめることにする。

注

（1）ディレクター サトウ「「病院ラジオ」が生まれるまで」二〇二三年三月二十八日「病院ラジオ」NHK（https://www6.nhk.or.jp/nhkpr/post/original.html?i=38044）［二〇二四年二月十三日アクセス］

（2）Carol Gilligan, *In a Different Voice: Psychological Theory and Women's Development*, Harvard University Press, 1982.

（3）川本隆史編『ケアの社会倫理学——医療・看護・介護・教育をつなぐ』（有斐閣選書）、有斐閣、二

〇〇五年、二ページ
（4）ファビエンヌ・ブルジェール『ケアの倫理――ネオリベラリズムへの反論』原山哲／山下りえ子訳（文庫クセジュ）、白水社、二〇一四年、一九ページ
（5）同書二〇ページ
（6）その後の議論を踏まえて早めに断っておくならば、本書では、ケアを無条件に女性というジェンダーへと紐づけることを避けるとともに、正義の倫理と相補的な立場にあるものとみなして議論を進めていくことにしたい。
（7）前掲『ケアの倫理』一四ページ
（8）林香里『〈オンナ・コドモ〉のジャーナリズム――ケアの倫理とともに』岩波書店、二〇一一年
（9）小玉美意子『メジャー・シェア・ケアのメディア・コミュニケーション論』学文社、二〇一二年
（10）引地達也『ケアメディア論――孤立化した時代を「つなぐ」志向』ラグーナ出版、二〇二〇年、八ページ
（11）同書二一八ページ
（12）ジョシュア・メイロウィッツ『場所感の喪失――電子メディアが社会的行動に及ぼす影響』上、安川一／上谷香陽／高山啓子訳、新曜社、二〇〇三年
（13）全制的施設とは、ある背景を共有する人々が社会から隔離され、閉鎖的な空間で管理されて労働し生活する空間を指すアーヴィング・ゴッフマンの用語。E・ゴッフマン『アサイラム――施設被収容者の日常世界』石黒毅訳（「ゴッフマンの社会学」第三巻）、誠信書房、一九八四年
（14）金山智子「ケアメディアとしてのラジオ――コロナ禍に求められるケア・コミュニケーション」「情報科学芸術大学院大学紀要」第十二巻、情報科学芸術大学院大学、二〇二〇年

(15) 同論文八三ページ
(16) 前掲『メジャー・シェア・ケアのメディア・コミュニケーション論』六九ページ
(17) 水越伸『メディアの生成――アメリカ・ラジオの動態史』同文館出版、一九九三年

第1章　「声のコンテンツ」を介したコミュニケーション

いま、電車やバスなどの交通機関を利用しているときや、公共機関や病院などで自分の番が回ってくるのを待っているときに、人々が手に握っているのはスマホであることが多い。現代は、小さな画面で文字を読み集中を必要とするスマホの時代だといえる。そうした時代に、画面を見つめない、音声だけのコミュニケーション媒体であるラジオやポッドキャスト、オーディオブックが、ストレスフリーなメディアとしてあらためて注目されている。日本ではラジオ聴取率の低下ばかりが問題視されているが、アメリカの調査[1]では、ニュースやスポーツ、トークの番組やオーディオブックなど、（音楽を除く）「話し言葉中心の音声コンテンツ（Spoken Word Audio）」（以下、声のコンテンツと略記）を聞くと回答した人の割合が回答者の四八パーセントで、二〇一四年からの九年で九パーセント伸びている。なかでも十三歳から三十四歳の若年層の聴取時間が二倍以上に伸びていて、背景には、スマホやスマートスピーカーなどで手軽にラジオが聞ける環境が整ったことが指摘される[2]。

ここであらためて、「声のコンテンツ」の牽引役であるポッドキャストについて説明しておこう。知らない方には、音声だけのYouTubeをイメージしてもらったらいいだろうか。現在アメリカでは、十二歳以上の七八パーセントがポッドキャストに「なじみがある（familiar）」と答え、週に一回以上ポッドキャストを聞くと答えた割合も一年に数パーセントずつ着実に上昇し、二〇二一年段階では二一パーセントになった。ニュースや教育系コンテンツが人気だが、取材をもとに人々のリアルなストーリーを配信するシカゴの公共放送制作の『This American Life』（This American Life、一九九五年―）、探偵が調査していくような手法でリスナーを謎解きの世界に誘い込む調査報道とストーリーテリングの中間をいくシリーズ『Serial』（Serial Productions、二〇一四年―）なども話題を呼んだ。実際、ポッドキャストを聞いたことがあると回答したのは全体で六二パーセント、若年層では七八パーセントにのぼっている。(3)「デジタルニュースレポート2023」によれば、ここ一カ月にポッドキャストを聞いた人の割合は三四パーセントで、ポッドキャスト・リスナーは、より若く、より高学歴で、より裕福な人々だという。(4)

一方、日本ではどうだろうか。オトナルと朝日新聞社がおこなった二〇二二年の日本のポッドキャスト利用実態調査(5)では、国内の利用率は一五・七パーセント（別の調査では二四パーセント(6)）、聞かれているジャンルは、ニュース、お笑い、音楽解説、ビジネスの順で、聞き始めたきっかけは、音楽アプリや「Spotify」、口コミやソーシャルメディアの影響だという。全利用者の五六・八パーセントが十代から三十代と若年層の利用率が高いことが特徴で、十五歳から二十九歳の二八・一パーセントがポッドキャストを毎月利用している。日本のポッドキャストでは、語学やニュース、トークや教養などのジャンルが人気で、『Serial』のような骨太のストーリーテリングコンテンツはまだ話題にはなっていないが、今後はラジオが築いてきたジャンルを超えて多様なコンテンツが生み出される可能性がある。

ラジオは「見えない（blind）」メディアである。人はなぜラジオをはじめとする「声のコンテンツ」を聞くのだろうか。ラジオは主として同時性に基づき、ポッドキャストは好きな時間に聞けるという違いはあるものの、いずれも一瞬で消えてしまう音声メディアである。本章では、昨今進んでいるポッドキャスト研究なども参考にしながら、あらためて、ラジオや「声のコンテンツ」を介したコミュニケーションについて、ケアとの関わりから考えてみたい。

1 寄り添う音声――孤独の緩和、充実した一人の時間

静寂のなかで、居心地の悪さに耐えられず、意識的・無意識的にメディアにアクセスするという経験はないだろうか。静音環境だけではない。満員電車のなかでみんながスマホと向き合っているのは、周りに人がたくさんいても疎外感や孤独を覚えているからかもしれない。聞くわけでもないのに、心配事から気を逸らし、孤独を避けるために、寝つくときもメディアをつけっぱなしにするという人がいる。ジョー・タッチ[7]は、無音環境は、社会的な静寂、すなわち社会と切り離されているという感覚を人に抱かせがちだと指摘している。

人の声が主要な要素になるラジオは、静寂を避けるとともに、誰かがそこにいるような共在感覚や、一人ではないという寄り添いの感覚を人々に与える。十歳前後の女子を対象におこなわれたウィスコンシン大学の実験[8]でも、ストレスを感じたあとに母親と電話で話した子どもは、母親にインスタント・メッセージを送った子どもよりも良好な人間関係の形成と維持に関与するホルモンのレベルが上昇する一方、ストレスのバイオマーカーであるコルチゾールのレベルが低下したという。この実験では、メッセージの内容ではなく声そのものが不安の解消に寄与しているのではないかと結論づけている。メールでのやりとりが誤解を招きやすかったり、絵文字で表情が補われたりすることはこれまでの研究でも知られているとおりだ。また、日本語でも英語でも「声」という言葉は、人の感情や意見の表出を意味する用法がある。

ＮＨＫの『ラジオ深夜便』（一九九〇年―）は安心感を与える声のコンテンツの代表例だろう。この番組は、眠れない高齢者をターゲットに、パーソナリティーの穏やかな語り口が安心できる雰囲気を作り出している。番組パーソナリティーを務めていた宇田川清江も、病院で深夜に放送を聞く入院患者の様子や、家族がいても会話がないために夜のラジオからの語りかけに返事をしてしまうというリスナーのメッセージを振り返り、一人きりの空間で深夜にラジオを聞くリスナーたちについて思いを馳せながら放送していたと述べている。[9]この番組がリスナーに受け入れられている理由について、文化人類学者の真鍋昌賢は、伝える内容が何か、伝わったか否かという基準では測れない、「安心させる」「寄りそう」役割を言葉が果たしていると指摘している。[10]実際、オーストラリアでの高齢者へのインタビュー調査でも、ラジオを聞く理由として、情報の取得やエンターテインメント以外に、「一人でいたいけれどもどこかで世界とつながっていたい」「友人のようなつながり」などの寄り添う感覚がラジオ聴取に求められていた。(11) ドイツでの若者のラジオ聴取をめぐる調査でも、沈黙の忌避、孤独の解消が主な聴取理由に挙げられていて、(12) アメリカのポッドキャストリスナーに対する調査でも、四〇パーセント（複数回答）が孤独感を軽減するためにポッドキャストに関心をもったとしていて、十八歳から三十四歳の若年層で聴取理由の二位になっている。(13)

その一方、正反対の事態として、メディアに常時接続することで過剰な情報にさらされ続けるという抵抗感も高まっている。最近では、質が高い時間を提供する「スロー・テクノロジー」にも関心が集まっているが、むしろ、イヤホンなどで質が高い孤独の時間を提供するメディア、孤独な時間を楽しむメディアとして、ポッドキャストが使用されていることに注目する研究もある。(14)

2 想像される他者の世界

それでは、声のコンテンツを、リスナーはどのように聞くのだろうか。人の声は、肺や筋肉などの人間の身体の器官を通って生み出される。そのために、人の声には心身の状況が少なからず反映され、文字で表現されるのとはまた異なる力をもつ。音だけのコミュニケーションのために、リスナーは、話されている内容だけでなく、話し手の声の高さや強さ、話すスピードや間、笑いや相づちなど、心理学で「パラ言語」と呼ばれる要素から注意深く情報を読み取り、その表情や様子を想像しながら聞いている。パラ言語は話し手に対する印象を大きく左右し、声の特徴は、顔から得られる印象よりもストレートにパーソナリティー認知に影響を与えるという研究もある。[15] NHKラジオの朝のワイド番組『ラジオビタミン』（二〇〇八―一二年）のパーソナリティーを担当した村上信夫は、リスナーがほんの少しの鼻声を聞いて「今日は調子が悪いようですが大丈夫ですか」と心配してメッセージを送ってくれた例[16]を紹介している。リスナーは声の調子や間などから多様に想像をはたらかせ、また、語りのなかに漂うしばしの沈黙や間にも、語り手の状況や悲しみ、驚きを感じ取る。例えば商品が見えないラジオの通販が存続しているが、それは普段から聞いているパーソナリティーの口調や雰囲気から、リスナーたちが買うべき商品かどうか、注意深く確かめているからだということも、制作や営業の現場ではよく指摘される。

かねてから指摘されてきたことだが、ラジオでは内容を理解するうえで少なからず想像力を必要とする。[17] その意味で、声のコンテンツは読書とも似ている。ヴォルフガング・イーザーは、小説は小説というメディア自体で成立しているのではなく、読者が書かれたテクストを読むことでようやく意味が生成されると述べ、読者とテクストが「対話」するコミュニケーションの場として小説を捉えた。[18] 書き手の意図を超えて、小説の読者は、ときに作者も気づかなかった意味を見いだし、自由に自分なりの世界を頭のなかに描き出していく。

小説と同様に、海外の若年層のラジオドラマ聴取についての研究でも、彼らが各自の内面にイメージを構築しながら理解していることが報告されている。イメージを構築するための手がかりとなるのは、リスナーが日常生活やメディアで見聞きした物事だという。[19] 例えば、物語に家が出てくれば、子どもたちは自分の祖父の家や絵本で見た家を手がかりに、画像やコミックブック、あるいは映画のように想起しながら聞いていたという[20]。

メディア論の祖ともいえるマーシャル・マクルーハンは、コンテンツに情報が十分満たされ完成された状態（高精細度）で届けられるメディアをホットメディアと呼び、情報量がさほど多くないかわりに受け手側の想像や参加を必要とするメディアをクールメディアと呼んだ[21]。現在、音だけのメディアであるラジオは、リスナーからのメッセージやリクエストを受け付けるといった、受け手側の参与を可能にするクールメディアとして存在している。さらにコンテンツに関しても、小説と同様、聞き手は自らの経験やメディアで見聞きしたことをもとに想像しながら聞いているから、各自の内面に想像される世界はおそらく相当多様なものになるだろう。しかし同時に、先ほど子どもたちが物語を想像するときに自分が見聞きした物事をベースに空想したという事例を引いたように、自分の経験と知識をもとに想像される音声コンテンツは、どこか自分にとって身近な状況をイメージして空想され、理解されるのではないだろうか。メディア論の藤竹暁も、テレビが社会的に共有され、主流のイメージを視覚的に提供するのに対し、ラジオは、リスナー個々人に特有なイメージを喚起させると指摘している[22]。

また、すべてを見せてくれる映像とは異なり、ラジオや声のコンテンツは、出演者の言葉であれ読まれるメッセージであれ、外から見ているだけでは理解できない内なる思いや葛藤が一人称で内面から吐露されがちなメディアである。そしてリスナーのほうも人物の外見に惑わされることなく、想像しながら聞く。そのとき無意識にではあっても、誰かや何かを想像するという行為は、自分の実体験やメディア経験をもとに、そこにいるはずの他者を理解しようとすることではないだろうか。

3　音でデザインする生活——社会とつながる音声のコミュニケーション

目はつむれても、耳は目のようにまぶたがないから閉じることはできない。しかし音声聴取は、聞き手の関心によって集中度をコントロールできる。ほかのことに集中していれば音声は後景化し、リスナーにとって関心がある話題になれば手を止めて聞き入る。こうした特性から、家事をしながら、あるいは試験勉強をしながら、という「ながら聴取（マルチタスキング）」がラジオをはじめとする音声メディアに特有の聴取スタイルとみなされてきた。その効果については議論があるのでおくとして、実際、アメリカの調査[23]でも、「声のコンテンツ」のリスナーのうち七一パーセントが、聴取理由としてマルチタスキングに適していることを挙げている。リスナーたちの具体的証言からみえてくるのは、「声のコンテンツ」を聞きながら生活のほとんどのルーティン・ワークをすませている様子だが、そこには、積極的なマルチタスキングと消極的なマルチタスキングがあることがみえてくる。

積極的なマルチタスキングとは、一日二十四時間を効率的に利用して成長につなげたいという、いまどきの動機といえるかもしれない。新自由主義的な価値観に覆われた社会では、より多く学ぶために、あるいは自分の趣味の時間を確保するために、移動や単純作業の時間にもニュースや情報を効率的に耳から仕入れたいと考えがちだ。日本のYouTubeやポッドキャスト聴取では情報収集が目的の受け手を想定した自己研鑽や教養のジャンルが少なくない。効率的に情報を仕入れられるという点では、昨今話題になった倍速視聴やタイパ（タイムパフォーマンス）重視とも通じる。

一方、ケアの視点から注目したいのは、消極的なマルチタスキングである。消極的なマルチタスキングとは、掃除や料理などの家事や運転など、やらなければならない作業や気が進まない仕事を片付けながら「声のコンテンツ」を聞くことで、楽しい気持ちでやり過ごそうとする行為である。実際、昔から、単純労働や運転などではラジオが活用されてきた。ラジオで語られる面白い話題や情報を聞くことで、日常の単純作業をより楽しくこなそうとする知恵といえる。

また、日常の隙間に入り込むラジオは、生活にリズムを与える道具としても捉えられる。ニュースを聞く朝夕、あるいはリラックスした昼下がり、家族が寝静まった夜中などにリスナーたちは、それぞれ自分のモードに見合ったラジオ番組を選び、ムードを調整する。そして、天気や、外の世界で突発的なニュースが起こっていないかを確認し、番組のコーナーやコマーシャルで時刻を認識する。ラジオ番組を聞くことで日常生活のリズムを作り、社会とのつながりを維持しているといえる。

ラジオは初めから現代のようなメディアとして聴取され使われていたわけではない。一般家庭では、戦前から戦後にわたってラジオはお茶の間やリビングルームの中心にあった。戦時中には世界各地でプロパガンダのメディアとして利用され戦意高揚に使われた。一九六〇年前後にはテレビの普及に伴ってその座を奪われ、メディアとしての存在価値についての再検討が促された。そして持ち運びができるトランジスタラジオの登場で個室や車のなかでも聞けるようになり、より個人を対象にした番組編成へと変化していく。メイロウィッツは、人間は太古から塀や壁で隔離することによって権威や社会的地位を守ろうとしてきたが、テレビなどの電子情報メディアがその壁の先に踏み入るようになった、と述べた(24)。一九六〇年代以降、ラジオも、自分の部屋という閉鎖的な個別空間で過ごす若者をほかの若者たちの世界へとつないでいくメディアとなった。

空間を超えて誰かとつながっているという感覚は、一歩進めると社会の一員であるという感覚にもなる。アメリカでは、若者の趣味として人気だったアマチュア無線から現在のようなマスメディアとしてのラジオへと変化していった。水越伸は、たくさんの聴衆に向かって情報を伝えるマスコミュニケーションを志向してラジオが始まったというよりも、遠隔地にいる人と人とが心を通い合わせる営みであるテレ・コミュニケーションの具体的な表れとして生成した、と分析している(25)。またジョー・タッチは、家庭でのラジオ聴取を人類学的に研究し、ラジオを聞くことは、リスナーの生活に社交性の次元を加えていると分析する。ラジオをつけるという行為は、自分が社会とつながっていて、その一員であることを確認し、現実の「いまここ」とは異なるオルタナティブな社会とのつながりを感じることになるというのだ(26)。だとすれば、メタバースが騒がれる以前から、ラジオは、現実空間とは異なる、オルタナティブなメディア空間へとつなげてくれるメディアだったといえる。

4　パーソナリティーとリスナーのパラソーシャルな関係

　ラジオで重要な役割を果たすのが話し手、つまりラジオのパーソナリティー（ＤＪ）[27]だ。テレビは、カメラで司会者や出演者を客観的に映し出し、基本的には段取りに従って進行されるために出演者の内面がわかりにくいのに対し、ラジオは出演者による一人称の語りで構成される。放送技術的にも、話し手から近い位置に置いたマイクで拾った親密な声を、電気的増幅技術によってスピーカーやイヤホンを通して届けるため、自分に向けて語りかけてくれるように感じられるメディアだといわれてきた。福永健一によれば、一九二〇年代には、ラジオの音声技術の改良が進んだが、音域が不明瞭だったために話者には聞き取りやすい声が求められた。しかし、明瞭だが様式化されたそうした語り方について、個性のなさが問題視されるようになる。そのため「日常的な会話のように自然に、しかし自身の感情やパーソナリティを伝えるような声」[28]がラジオにふさわしいとみなされるようになったと経緯を分析している。実際、三〇年代には、アメリカ大統領フランクリン・ルーズベルトが、ラジオ演説番組『炉辺談話』で、暖炉の前に座っているような雰囲気で聴衆に語りかけ、親密感を演出したことがよく知られる。

　日本でも一九六〇年代に同様の現象が起こった。文化放送のアナウンサーだった土居まさるをはじめ、当時のパーソナリティーたちは、戦時期の語りを引き継ぐような堅苦しい規格化された公的な語り方ではなく、「「私的」な色合いの濃いものへと変容させ[29]」ていった。彼らは、当時の若者の口調を巧みに取り入れ、擬音を多用したスピード感がある語り方へと話法を変え、若者リスナーの「仲間」「兄貴」という立ち位置で、個室で耳を傾ける若者たちに熱く語りかけたのだった[30]。メディア社会学の加藤晴明も、当時のラジオのパーソナリティーが、こうしたしゃべりの技法を武器に、リスナーの参加を取り込みながら、現実的にはリスナーとは一対多の関係であるにもかかわらず、しゃべりのなかに一対一の要素を盛り込むことで、リスナーへの親密性、寄り添いの関係を演出してきたと分析[31]している。加藤は、「パーソナルでありながらパブリックであるような両義的なラジオの語りの作法が生み出された[32]」と指摘した。同様に、イギリスでのＤＪの語りの技法の研究でも、ＤＪたちは、リスナーに「You」と一括して語りかけるだけでなく、「エジンバラの君たち」「天秤座のあなた」、あるいはリスナーの名前など、語りかけの宛先を自在に変えていくことで距離感や親密性を動的に演出すると指摘している。リスナーに問いを投げかけることで双方向的コミュニケーションを演出していること、語りかけている場所や状況の特徴を音声で説明することで、リスナーにもその場に同席しているような感覚をもたらそうとすることなど、聴衆との関係を作り出し、番組に巻き込むための彼らのテクニックを分析している[33]。

メディアには、「パラソーシャル（疑似社会的）」関係を作る可能性があることも論じられてきた。パラソーシャルとは、受け手側が、現実世界とは異なるメディアの登場人物に対して一方的に抱く代替的な交友関係を意味する。例えば、毎日見ているテレビの司会者を友人のように錯覚したり、ドラマの登場人物に感情移入したりといった関係が当てはまる。ラジオは、一つの番組が長時間にわたっていて、その間一人称で語られ、かつ双方向性を重視することもあり、パーソナリティーへのパラソーシャル感覚を抱かせやすいメディアだといえる。オーストラリアの高齢者へのインタビュー調査でも、ラジオのパーソナリティーが、家のなかにいる「友人」のように、常に会話をしてくれる存在として認識されていたという。(34) さらに、ラジオ・パーソナリティーの個人的な自己開示、とりわけ個人的な経験をリスナーに語ることで、リスナーは親近感や信頼感をいっそう抱くようになるという。(35) この関係性は、パーソナリティーにとっても同様だという。自身もパーソナリティーの経験がある北出真紀恵は、ラジオを通して、実際に会ったことはなくても、メッセージの端々からリスナーの人となりが理解でき、親密な関係のリスナーが多くいたと述べている。(36)

5　「承認」のコミュニケーション

ラジオを介した関係性が親近感や信頼感を抱かせるものであることは、各国で悩み相談というジャンルが人気であることにも表れている。現在もラジオ番組には多様な人生相談コーナーがある。周りに相談できない悩みを、会ったことがないパーソナリティーに相談するというコミュニケーションは、情報伝達を目的とする道具型のメディア利用や誰かとの共在感覚を求めるコンサマトリーな利用方法とは異なり、知らない他者にこそケアを求められるコミュニケーションのありようを示している。一九九〇年代後半、日本でも、悩みをもつ若者の相談者に対し、リスナーと同じ立ち位置で応援する番組『ドリアン助川の正義のラジオ！ジャンベルジャン！』（ニッポン放送、一九九五―二〇〇〇年）が話題になった。前節で取り上げた加藤は、この番組を例に、パーソナリティーが「リスナーと同じ位置に立って、リスナーのメッセージに、寄り添い、応援し、無限応援することが、ラジオ的なコミュニケーションとして求められ継続されてきた」[37]と述べ、他者からの承認を得る空間としてのメディアの重要性を論じている。人は困難からの解放と自己の再生を目指しているが、自己を受け入れ、寄り添い、支え、まるごと承認してくれる他者を現実社会で見つけるのは難しい。しかしメディアを通じてなら見つけられるかもしれないというのである。[38]ケアについて論じた広井良典もまた、さまざまな活動の動機づけの根源にこの「承認」があるという。それは人間が生を営んでいくにあたって最も根底にある動機づけであり、「承認」は「ケア（ケアすること／ケアされること）」と実質的に重なり合っていると論じている。[39]そして承認は表現と切り離せない。何らかの表現をするとき、承認が伴わなければ表現する意味がない。表現と承認とが繰り返されることでコミュニケーションが成立し、そのなかで人間としての存在が認められていくのである。

確かにソーシャルメディアではメッセージ投稿が承認との関わりで論じられることも多く、ラジオにも同様の側面がある。ただし、ラジオは一般的なマスメディアだから、すべてのメッセージが読まれるわけではない。だからこそ、たくさんの投稿のなかから自分のメッセージをパーソナリティーがラジオで読んでくれること、反応してくれることは、自らの存在をほかの多くのリスナーの前で受け止めてくれたという承認にほかならない。そして、音楽社会学の小川博司が「家元制的参加型コミュニケーション」[40]と呼ぶように、紹介するメッセージの選択はパーソナリティーやスタッフの判断に委ねられ、そのとき選ばれたメッセージへの批判は番組のなかでは基本的におこなわれない。このようにラジオは、パーソナリティーが番組のテイストやバランスを考え、そのうえでの選択を伴いながらもリスナーに応答するという承認をめぐるコミュニケーションであることに気づかされる。その一方で、もう一つ、補足的に付け加えておくなら、ラジオに投稿したり、ラジオで語ったりしたときに、自分のメッセージへの応答がなかったとしても、その状況を都合よく解釈できることである。LINEの既読や再生回数が明示されるコンテンツ、あるいは対面とは異なり、直接には見知らぬパーソナリティーや「想像の他者」としてのリスナーに向けてメッセージを送るラジオは、「目は通してくれたけれど、たまたまほかに素晴らしいメッセージがあって読まれなかったのかもしれない」などと、読まれなかったことを直接的に意識しなくてもいい仕組みになっていて、相手が何らかの手段で読んでくれたかもしれない、応答してくれたかもしれないという期待を捨てずにいられる。筆者がおこなった依存症患者とのパイロット研究では、ある患者が、心のなかで、別れた家族が聞いてくれているといいなと思って放送しているというケースがあった。放送時間を妻子に知らせたわけでもない。だが、もしかしたら聞いていてくれるかもしれないと思って放送していたという。問題を抱えた人々は家族とも疎遠になりがちだが、そうした相手に直接的に拒否されることなく「聞き届けられたかもしれない」として応答を期待できることもまた、放送という一方向的システムの利点かもしれない。

6　ラジオとコミュニティ

こうしたパーソナリティーを中心とするリスナーとのパラソーシャルな関係は、ラジオを聞いているリスナー同士のコミュニティ感覚へと拡大されていく。かつて、マクルーハンは、ラジオを、「大多数の人びとに親密な一対一の関係をもたらし、話し手と聞き手との間に暗黙の意思疎通の世界を作り出」し、共同体のリズムを奏でる「部族の太鼓」と表現した。[41] ウォルター・オングは声の文化である口承文化と文字の文化である印刷文化について検証したが、彼も電話や放送の時代の文化について、文字をもたなかった時代の口承文化（声の文化）と、「人びとが参加（して一体化）するという神秘性をもち、共有的な感覚をはぐくみ、「強い集団意識を生み出」す点で驚くほど似ている」[42]として放送文化を「二次的な声の文化」と位置づけている。日本でも、藤竹暁が、ラジオの深夜放送は、家族から離れて個室で聴取する若者たちに向けたメディア解放区だったとしている。[43] 深夜放送はリスナーの感動を呼び、連帯感と「生きていることの充実感」を与えていたと回顧し、そこにマクルーハンの「部族の太鼓」のイメージを重ね合わせている。

ベネディクト・アンダーソンは、印刷・出版産業の成立によって、メディア接触が共通の時間、空間の認識を生み出すと同時に、読者に同胞としての国民意識が芽生え、国民国家という「想像の共同体」が形成されていく過程を描き出した。[44] 人々が集まり、語り合う空間に芽生える一体感と同様の情動は、異なる場所で同じ時間を共有するラジオ聴取でも生じていて、毎日同じ時間を共有し、あたかも番組出演者の会話に同席しているようなパラソーシャル感覚は、ラジオを介した「想像の共同体」感覚をもたらす。

ＮＨＫ『ラジオ深夜便』への投稿を分析した真鍋昌賢は、お便りを書くという行為が、アンカーを中心に広がる目にみえないリスナー共同体への熱心な「参加」になっていると述べている。とりわけ生放送のラジオの場合、聞くだけでなくメッセージを送ったりクイズに応募したりと、実際に番組に参加することで共同体の一員であるような感覚がより強化されることになる。すべての声のコンテンツに当てはまるわけではないが、パーソナリティーの求心力やリスナーの参加性が高い番組を長く聞き続けていると、ファン・コミュニティの感覚が生まれてくる。トーク番組は、パーソナリティーやリスナーたちが小さな出来事について語り合い、その語りを通じて他者を想像し、理解し、つながれる広場でもある。加藤晴明は、人類学者の川田順造の「「かたる」ことは、かたりかける相手を「騙る」、つまり言語行為における共犯者として巻き添えにすること」[45]という一節を引いて、声が響き合い、心身が交差しあう場には一人称から多人称への跳躍＝ノリがあるという川田の指摘が、ラジオにも当てはまるのではないかと論じている[46]。

東日本大震災に伴う原発事故で全町避難になった富岡町の住民が避難していたビッグパレットふくしままでは、微弱電波を用いて「おだがいさまＦＭ」が始まった。避難してしばらくたったときに、番組内である人がたまたま面白いことを言った瞬間、ラジオを聞いていた住民の笑い声で「ビッグパレットが揺れた」。立ち上げと運営に関わった社会福祉協議会の吉田恵子は、この経験から、住民たちが「もしかしたらみんな笑いたかったのかな、って。笑うきっかけを待ってたのかな」と感じ、その後は必要な情報だけではなく、心を和ませる笑いも意識するようになったという[47]。

他者の語りに誰かが反応し、そして自分も同じような経験をしていて、それを思い出し他者と気持ちが共有できたとき、そこには、協働的な作業を通して集合的に達成される幸福感やグループ・フロー[48]が生まれることさえある。パーソナリティーの一言に対してリスナーが相乗的にメッセージを返しつづけ、笑いに包まれるとき、そのやりとりに関わらなかった（聞いていただけの）リスナーたちもまたグループ・フローを感じているのではないだろうか。

同質性と公共性――二つのラジオコミュニティ

ケアの視点から捉えると、ラジオに生まれるコミュニティには、同質性と公共性に基盤を置く二つのタイプが存在する。そこでこの二つのコミュニティ感覚を実際の番組を紹介しながら説明したい。

『みんなでひきこもりラジオ』――「同質性」を基盤とする共同性のコミュニティ

『みんなでひきこもりラジオ』（NHK、二〇二〇年―）について、番組ウェブサイトには、以下のように説明されている。

百万人のひきこもり、話したいことも悩みも千差万別。就労や親の介護以外のことも語りたい！という声がNHKにたくさん届いています。
そこで、始めます！ひきこもりのひきこもりによるひきこもりのための番組！「みんなでひきこもりラジオ」
当事者や関係者の皆さんは、もちろん、いろんな方々の参加をお待ちしております。(49)

『みんなでひきこもりラジオ』は、取材ディレクターに、「当事者同士が声をあげられる場所がほしい。つながれる場所がほしい。ラジオだったら聞くことができる」という引きこもり当事者からの声が寄せられたことから始まった。番組が想定するリスナーは、何らかの事情を抱え、外に出づらい人たちである。つまり、引きこもり経験を基盤に、空間を超えて当事者リスナー同士がつながるコミュニティ、ひいては想像上の居場所ということができる。

番組内では、皿洗いをしなくてすむ「究極のひきこもりめし」や生活の工夫などの情報交換もなされるが、おそらく当事者たちが求めているのは、自分は一人ではない、自分と同じようなリスナーが日本のどこかにいるという安心感ではないだろうか。当事者たちがつらい気持ちを吐き出すと、リスナーからは、「わたしも同じ気持ちだった」「同じ状況だった」という声が寄せられる。実際、「一人じゃない」という言葉がリスナーから最も多く寄せられる反応であり、「大丈夫、僕がいるよ」といった支え合いの言葉が届くという。(50) この番組には、ときどき「死にたい」など簡単に言葉を返せないような深刻なメッセージが寄せられることもあるが、そうした際には、たき火の音が静かに流れる。聞いていると、たき火を囲みながら、見たこともないほかのリスナーとともに寄り添っているイメージが浮かび上がるような演出だ。

つらい経験をしているリスナーには、ある程度わかってくれるだろうと思えるような、同質性を有する人にしか話せないことがある。そしてメッセージが読まれることは、その経験を誰かに受け止められたという承認につながるだろう。またリスナー側も、声のコンテンツを通して同じような経験や困難についての語りを聞くことで、自分だけではないという安心感が生まれ、孤独感が和らぐのではないだろうか。『みんなでひきこもりラジオ』[51]は、同質性を基盤に、同様の経験をした誰かに理解されたいと願い、また同じ苦痛を抱えている人々を自分も支えたいと願う、小さな想像の共同体として機能しているといえる。

『OVER THE SUN』――サイレント・マジョリティとしての女性との連帯

ＴＢＳのラジオ番組からスピンオフしたポッドキャスト番組『OVER THE SUN』(二〇二〇年―)には、二人のパーソナリティー、ジェーン・スーと堀井美香のもとに、同年代の「オバサン(Over the Sun)」たちが集う。周りに打ち明けにくい悩みや経験を共有し、バーチャルにつながれる番組として、あっという間に多くのリスナー数を獲得しつづけている。主婦をターゲットにした情報番組は山ほどあったが、多様な選択肢がある現代を生きる同世代の女性たちを対象にした女性による番組が、男性が支配権を握りがちなマスメディアにはこれまでなかったことにいまさらながら気づかされる。女性は、結婚、育児、仕事などで女性の間でも立場が大きく異なると分断されやすくなる。この番組では、いろいろな立場のリスナーたちが、「負けへんで」をスローガンに、あえて女性という同質性を基盤にしたシスターフッドを二人のパーソナリティーとともに築いている。この番組はリスナーたちが「互助会員」として日々の愚痴や経験、努力や困難について告白しあい、励まし合い、情報交換する、想像上の連帯の共同体になっている。

『聞けば聞くほど』――「公共性」のラジオ・コミュニティ

筆者が暮らす東海地方で放送されているCBC『つボイノリオの聞けば聞くほど』(一九九三年―)は、フリーのパーソナリティー・つボイノリオとCBCアナウンサー小高直子が司会を務める朝のワイドラジオ番組で、二〇二二年に三十周年を迎えた長寿番組だ。「究極の井戸端会議」と銘打っているように、政治・経済などの時事ニュースに対するメッセージから、たわいがない日常の出来事、つボイが得意とする下ネタまで、リスナーからありとあらゆるメッセージが毎日数百通寄せられる。何か事件や事故が起これば、当事者や専門家からも背景説明や意見が届き、誰もが経験するような家族のいざこざや笑い話を取り上げるコーナーには、「私も賛成」「いや、相手の方に同意する」など、多様な立場のリスナーから意見が寄せられる。政治や社会問題については対立的な意見が紹介されることも多いが、そのあとに続く日常生活に絡む笑いやユーモアがある話題で、その対立はいったん解消される。

番組のリスナーたちの背景は実に多様である。だから、この番組は他者の意見や思いを知る場、すなわち公共的な対話空間になっている。日本語の「公共」という言葉は日常語としてなじみが薄い。国家や行政に関連する「公的」や、公共交通や公共心など「共通」の利益や関心という意味で用いられることが多い。しかし、哲学者の齋藤純一は、「公共性」には本来、「誰もがアクセスしうる」オープンな性質の空間、複数の価値や意見の〈間〉に生成する「差異を条件とする言説の空間」という意味があると説明している。[52]つまり、異なる背景や意見をもつ人々が互いの状況を理解し対話できる広場、空間という意味をもつ。

私たちの社会は、力をもつ者が議論の場を奪いがちである。たびたび指摘されるように、これまで新聞や放送というメディアの世界は、都市部に暮らす高学歴で高収入の男性を中心に展開され、力をもつそうした人たちの視座に無意識のうちに影響されてきた。しかしこの番組は、前述したパーソナリティーを中心にした「家元制的参加型コミュニケーション」のもとで、多様な人々がメッセージを通して意見や思いを交わし合える点で、「公共的」なコミュニケーション空間になっている。

「同質性」と「公共性」、リアルとバーチャル

とはいえ、通常、意見が異なる人の声を聞くことは心地いいとはいえない。自分と反対の意見を聞くことは、熊に追いかけられているときの脳の反応と似ているという説もあるほどだ。[53]インターネットのコメント欄がたびたび荒れていることからもわかるが、背景が異なる人たちがそれぞれの経験を理解することはいうほど容易ではない。

ケアという視点からラジオリスナーたちのコミュニティについて考えるとき、公共性と同質性は程度の差こそあれ重なり合っている。『みんなでひきこもりラジオ』は表向きには引きこもり経験

という同質性をもとにしたコミュニティだが、引きこもりを脱した人、支える人、あるいは引きこもりの人が何を考えているのかを知りたいとこっそり聞いている人などもいて、公共性の要素も有している。実際、同質性のコミュニティに異なる背景の人々が集まって公共性を帯びることで、社会的理解や解決へと結び付きやすくなる側面もあるだろう。

あるいは『OVER THE SUN』のような、四十代から五十代の女性という同質性に基づくコミュニティであっても、仕事や婚姻、子どものあるなしなど、多様な立場の女性が存在する公共性の側面もあり、異なる状況にいる女性の声を聞くことで、あらためて理解できることもある。そしてここにもまた、女性のリアルな声を聞きたい男性や、年齢を重ねた先を見据えたい若い女性もこっそり参加している。『聞けば聞くほど』は多様な背景をもつ人々が意見を交わす場だが、リスナーは東海三県在住、あるいはパーソナリティーのファンという同質性も有している。同質性だけでは閉じてしまい、他者を排除する可能性があるし、公共性だけではマイノリティの告白を押しとどめてしまう可能性がある。すなわち、ラジオ番組という多様な人々が集う場には、少数意見に配慮しながら、公共性と同質性を適切に差配できるバランス感覚をもったパーソナリティーが求められる。段取りで進行するテレビとは異なり、会話中心のトークラジオは相手との瞬間的な応答が必要になるため、用意している内容とは異なる方向に話が進むことも多く、どんなことにも当意即妙に答えられる能力も必要だ。ラジオのパーソナリティーは、幅広い知識や経験、他者への思いやりや共感力を有し、リスナーと対等に本音で向き合えないと務まらない役割でもある。

声のコンテンツをめぐって形成されるリスナー・コミュニティは、ときに「オフ会」を生み出し、現実のコミュニケーションへと展開していくことも多い[54]。第4節末尾で紹介した北出は、送り手側とリスナーが実際に出会うと、それまでに番組のなかでのやりとりがあるせいか、初めて会った気がせず、そうした知り合いが増えていくことでラジオを介した「ラジオ的世界」が生まれ、選択縁を形成すると指摘している[55]。その効果を知っているから、民放ラジオもコミュニティFMも、イベントを頻繁に開催し、そうした現実の出会いをセッティングしている。

だが、一方で「想像の」共同体であるために心地いい側面も否定できない。メッセージを聞いて共感を抱く相手であっても、日常的にやりとりしたり会ってみたりしたら不満や違和感を覚えることも少なくないだろう。『OVER THE SUN』のパーソナリティー堀井美香は、番組リスナーについて、「割とみんな味方って感じがしますよね。同じ空間で同じことをしていると、どうしても比べてしまうけれど、みんなそれぞれの土俵で頑張っている人たちだから、そんなに比べない[56]」とし、見えない、知らないからこそ、「声のコンテンツ」を介した想像の共同体には、踏み込みすぎない距離感の心地よさがあることを指摘している。

7　リクエストとメッセージ

ところで、メディア論の藤竹暁は、現在のラジオは、深夜放送で盛り上がっていたころのような共同体感覚とは異なる聞かれ方をしていると述べる。熱狂や連帯感をもたらさないかわりに、自分の人生に不安や迷いを抱くリスナーたちに対して、生きるうえでの参考になるような「はじけるきっかけ」になる言葉や音声を提供する役割を担っているのだという。リスナーはパーソナリティーやほかのリスナーの声を自由に自分の人生経験と照らし合わせ、[57]「納得のいく人生の断片を語り手の音と声から拾い、胸の中で温め、展開すること」で「自分を癒したり、励ましたりするイメージを描く[58]」のであり、そこに「ラジオの人生伴侶性[59]」というケアの側面を見いだしている。

リスナーに対して、「心の中ではじける言葉や音声」を提供する方法の一つが、曲のリクエストだ。音楽はラジオ番組に欠かせない。音楽社会学の小泉恭子は、自分が好むパーソナル・ミュージックとは別に、特定の世代にだけ共通し、ともに生きてきた愛着がある音楽「コモン・ミュージック」が「われわれ意識」を高めてくれると指摘する。メディアから流れる文化的記憶として、社会の後景をかたちづくるコモン・ミュージックは、「あのころ」を思い出させる。[60]コモン・ミュージックをリクエストすることは、同世代のリスナーをあのころの思いへと連れ戻すとともに、「われわれ意識」へと接続する作業といえるかもしれない。

また流行歌のリクエストに付された一行メッセージも、メッセージの送り手に対する共感や思考の手がかりになっている。札幌のコミュニティ放送局・三角山放送局では、札幌刑務所の受刑者たちのメッセージやリクエスト曲を流す『苗穂ラジオステーション』を刑務所と周囲の地域に向けて放送しているが、この番組でリクエスト曲に寄せられるほんの一言が非常に印象的なのだという。受刑者たちのメッセージは、ときに自己承認を得たいあまり誇張されたり事実とは異なる内容に作り上げられたりする様子がみられた。そこで、メッセージ欄を短くしてみたところ、逆にリクエスト曲に添えられたほんの一言でリスナーが想像を自由に膨らませることができるようになったという。[61]例えば、「小学校の修学旅行で、バスガイドさんが歌ってくれた曲です」というリクエストは、リスナー側に、子どものころの無邪気で楽しい旅行の様子と当時の空気を思い描かせ、リスナーはそこに現在の受刑者の様子を重ね合わせることになる。添える言葉が短いからこそ、短歌や俳句のように、受け手側に自由な想像をもたらしながら、空想の、しかし親密なコミュニケーションをおこなうことが可能になった。

声のコンテンツを中心に論じる本書では十分に触れることができないが、このように音楽もラジオでは重要な要素である。曲はそれが流行したころの記憶を呼び起こす。その歌手や曲自体についての思い出だけでなく、歌をきっかけに個人の思い出が紹介されていくことになる。『ラジオ深夜便』の投稿を分析した真鍋は、番組内で最も多く紹介されるのは番組でかけられる歌・音楽についての感想だとして、ラジオで流される曲によって高齢者たちは思い出を喚起され、お便りの投稿が誘発されるという。そして歌に対する感想を投稿するということは、自らの人生を自分なりに意味づける過程を通じて、話題提供者となって番組に寄与するという「参加」のあり方だと論じている。[62]

いずれにせよ、少なくとも日本でラジオは、メッセージやリクエストなどの参加の手法を中心に据え、ラジオネームという適度な匿名性と自己同一性のもとで、参加しやすいメディアとして発展してきた。正しい意見をすべて実名で語らなければならないというコミュニケーションは息苦しい。言いづらいような恥ずかしいこと、あるいはちょっと誇張した話でも、ラジオネームを使えば表現できるし、聞く側もラジオネームからある程度その人格を想像しながら聞くことができる。ラジオは気持ちを誰かに向けて気軽に表現できるメディアなのだ。

8　「声」の共生に向けて

ここまで、声のコンテンツを「聞く」ことによって、孤独感が癒やされたり、社会とつながっている感覚が得られたり、仲間の存在を感じられたりする様子をみてきた。

しかしそれだけでいいのだろうか。本書では、ほんの少し踏み込んで考えてみたい。交流できる現実空間が限られている以上、聞いているだけでは現状を変えていくことはできない。引きこもりも、不満を抱えた女性たちも、聞いているだけで自らが声を上げなければ、直面している問題は存在しないと認識されてしまうのが現状だ。

かつてドイツの劇作家ベルトルト・ブレヒトは、人々がラジオを聞くだけでなく話すこと、孤立させておくのではなく結び付けることの重要性を示し、ラジオによる人々の参加の重要性を説いた。[63]世界に目を向ければ、「声の貧困」[64]に目を向け、人々が自分自身の声を見つけ、承認され、そして言葉で参加するエンパワメントの空間[65]を目指して、声を「聞かれる」拠点としての小さなラジオが各地に立ち上げられてきた歴史がある。

それでは日本で、「声を聞かれるラジオ」は可能なのだろうか。そもそも社会のなかでマイノリティや、貧困状況にあって周縁化されがちな人々は、自分には話すことなど何もないと感じ、困難や要求を抑え込んでしまう「沈黙の文化」(66)に生きている。現代では、若者たちもルールや相互監視的状況にからめとられて発信することに恐怖を感じがちだ。エリザベート・ノエル＝ノイマンが「沈黙の螺旋効果」(67)として明らかにしているように、メディアが提示する多数派とは異なり、自分が少数派だと感じると、偏見や差別による社会的孤立を恐れて声を上げることは難しくなる。またラジオで話すという行為も、オングが指摘するように、書かれたものや印刷の使用のうえに基礎を置いているのであって(68)、ある程度のスクリプト執筆など、書き言葉の身体化が求められる。メッセージを書くという作業自体もまた、起承転結や因果の関係のもとに自らの経験や事象を整理しなおして提示することであり、書き言葉の身体化を少なからず必要とする。実際、刑務所ラジオに関する受刑者への質問紙調査でも、メッセージを書くことに困難を感じている受刑者が一定いることが指摘されている。(69)日本では、デジタル・デバイドなど、ネットやメディアへのアクセスや、情報を収集するうえでのハードルに注目が集まりがちで、自らの思いや考え、意見を述べるという社会参加や発信のリテラシーについての関心は高くない。社会学・福祉情報論の柴田邦臣は、ユーザーがメディアを使えるように接続環境が整えられるだけでなく、そのアクセスを使って社会や他者と奥深くまでつながる〈参加〉型接続と、それを可能にする「共生のリテラシー」をどのようにして生み出すのかに着目すべきではないかと問いかける。(70)

インターネットやさまざまなアプリの登場で、現在では声のコンテンツを手軽に作ることができるようになった。しかし、声に出すまでにもいたらないがささやかな思い、例えば他者に向けて発していいのかさえわからない悩みやもやもやした不満や愚痴、心のなかに沈んでいる悲しみやちょっとした喜びの瞬間、そんな、内面にとどまり外に出されることがない思いのかけら、こうした「声なき思い」をどのように文字どおり声として発し、誰かとつながることができるのか。本書ではそうした射程のもと、まずは、イギリスに生まれた小さな病院ラジオの誕生からみていきたい。

注

（1）National Public Radio and Edison Research, *The Spoken Word Audio Report*, National Public Radio and Edison Research, 2023. オンラインとオフラインによる十三歳以上の四千百九十三人におこなった調査。

（2）*Ibid.*

（3）National Public Radio and Edison Research, *The Spoken Word Audio Report*, National Public Radio and Edison Research, 2021.

（4）Nic Newman, "News podcasts: who is listening and what formats are working?," *Digital News Report 2023*, Reuters Institute for the Study of Journalism, June. 14, 2023 (https://reutersinstitute.politics.ox.ac.uk/digital-news-report/2023/news-podcasts-who-is-listening-what-formats-are-working)［二〇二四年二月十六日アクセス］

（5）オトナル／朝日新聞社「PODCAST REPORT IN JAPAN ポッドキャスト国内利用実態調査2022」オトナル／朝日新聞社、二〇二三年（https://www.asahi.com/ads/podcast-research2022_1.pdf）［二〇二四年二月十六日アクセス］

(6) Nic Newman, Richard Fletcher, Kirsten Eddy, Craig T. Robertson, and Rasmus Kleis Nielsen, *Reuters Institute Digital News Report 2023*, Reuters Institute for the Study of Journalism, 2023 (https://reutersinstitute.politics.ox.ac.uk/sites/default/files/2023-06/Digital_News_Report_2023.pdf) [二〇二四年二月十六日アクセス]

(7) Jo Tacchi, "Radio Texture: between self and others," in Daniel Miller ed., *Material Cultures: Why Some Things Matter*, University of Chicago press, 1998.

(8) Leslie J. Seltzer, Ashley R.Prososki, Toni E.Ziegler, and Seth D. Pollak, "Instant Messages vs. speech: hormones and why we still need to hear each other," NIH Public Access Author Manuscript, 2012 (https://www.ncbi.nlm.nih.gov/pmc/articles/PMC3277914/pdf/nihms353984.pdf) [二〇二四年二月十六日アクセス]

(9) 宇田川清江『遠くの親戚より近くのラジオ――NHK「ラジオ深夜便」打ち明け話』二見書房、一九九三年、四六―四七ページ

(10) 真鍋昌賢「ラジオと高齢者――「深夜」とは誰のものか」、小川伸彦/山泰幸編著『現代文化の社会学入門――テーマと出会う、問いを深める』所収、ミネルヴァ書房、二〇〇七年、二四〇ページ

(11) Amanda Krause and Heather Fletcher, "Radio Listeners' perspectives on its purpose and potential to support older wellbeing," SEMPRE 50th Anniversary Conference, September, 2022 (https://researchonline.jcu.edu.au/75918/1/SEMPRE50-Krause%26Fletcher.pdf) [二〇二四年二月十六日アクセス]

(12) Stefan Hirschmeier and Vanessa Beule, "Characteristics of the Classic Radio Experience Perceived by Young Listeners and Design Implications for Their Digital Transformation," *Journal of Radio &*

Audio Media, 28(2), 2021.

(13) National Public Radio and Edison Research, *The Spoken Word Audio Report*, 2021.

(14) Yasamin Heshmat, Lillian Yang, and Carman Neustaedter, "Quality 'Alone' Time through Conversations and Storytelling: Podcast Listening Behaviors and Routines," Graphics Interface 2018, May, 2018 (https://graphicsinterface.org/proceedings/gi2018/gi2018-11/)［二〇二四年二月十六日アクセス］

(15) 今川民雄「音声とパーソナリティ認知」「化粧文化」第三十一号、ポーラ文化研究所、一九九四年

(16) 村上信夫『ラジオが好き!』海竜社、二〇一〇年、一四ページ

(17) Andrew Crisell, *Understanding Radio*, Second edition, Routledge, 1994, p. 7.

(18) ヴォルフガング・イーザー『行為としての読書――美的作用の理論』轡田収訳(岩波モダンクラシックス)、岩波書店、二〇〇五年

(19) Leslie McMurtry, "Imagination and Narrative: Young People's Experiences," *Journal of Radio & Audio Media*, 24(2), 2017.

(20) Tiiti Forsslund, "Young radio listeners' creative mental interaction and co-production," *Radio Journal: International Studies in Broadcast & Audio Media*, 12(1-2), Oct., 2014.

(21) マーシャル・マクルーハン『メディア論――人間の拡張の諸相』栗原裕/河本仲聖訳、みすず書房、一九八七年、二三ページ。マクルーハンは、当時のラジオは情報量が多くて受け手の自由な関わりが難しいホットメディアに分類している。

(22) 藤竹暁「ラジオは人間の鼓動を伝える」、日本マス・コミュニケーション学会編「マス・コミュニケーション研究」第七十四号、日本マス・コミュニケーション学会、二〇〇九年

(23) National Public Radio and Edison Research, *The Spoken Word Audio Report*, 2021.

(24) 前掲『場所感の喪失』上

(25) 前述『メディアの生成』三三ページ

(26) Tacchi, "Radio Texture," pp. 42-43.

(27) 以前はラジオ番組の司会者をＤＪと呼ぶことが多かったが、現在では音楽紹介を中心とする司会者をＤＪ、トークを中心にした司会者をパーソナリティーと呼ぶことが多い。

(28) 福永健一「「ラジオの声」の生成史――１９２０年代米国のラジオにおける声の経験についての考察」、日本マス・コミュニケーション学会編「マス・コミュニケーション研究」第八十七号、日本マス・コミュニケーション学会、二〇一五年、一三〇ページ

(29) 北出真紀恵「ラジオ・コミュニケーション再考――〝声〟（ラジオの話者）を中心に」、前掲「マス・コミュニケーション研究」第七十四号、五一ページ

(30) 加藤晴明「〈ラジオの個性〉を再考する――ラジオは過去のメディアなのか」、同誌一六ページ

(31) 加藤晴明「ラジオパーソナリティ論のための予備的考察――〝メディア語り〟と「市民の情報発信」を再考する」、現代社会学部紀要編集委員会編「中京大学現代社会学部紀要」第四巻第一号、中京大学現代社会学部、二〇一〇年

(32) 前掲「〈ラジオの個性〉を再考する」一三―一四ページ

(33) Martin Montgomery, "DJ Talk," *Media, Culture & Society*, 8(4), 1986.

(34) Krause and Fletcher, op.cit.

(35) Jihyun Kim and Hocheol Yang, "How Does a Radio Host's Testimonial Influence Media Experiences? The Indirect Effect of Social Presence," *Journal of Radio & Audio Media*, 26(2), 2019.

(36) 北出真紀恵『「声」とメディアの社会学――ラジオにおける女性アナウンサーの「声」をめぐって』晃洋書房、二〇一九年、一四八ページ
(37) 前掲「〈ラジオの個性〉を再考する」一七ページ
(38) 加藤晴明『メディアと自己語りの社会学――「自己メディアの社会学」改題・改訂版』22世紀アート、二〇二二年、一八六―一八七ページ
(39) 広井良典編著『ケアとは何だろうか――領域の壁を越えて』(「講座ケア　新たな人間―社会像に向けて」第一巻)、ミネルヴァ書房、二〇一三年、二一ページ
(40) 小川博司「ラジオは衰退していくメディアなのか――複数のラジオの時代の「参加型コミュニケーション」をめぐって」、前掲「マス・コミュニケーション研究」第七十四号、四三ページ
(41) 前掲『メディア論』三〇八―三一九ページ
(42) W・J・オング『声の文化と文字の文化』桜井直文／林正寛／糟谷啓介訳、藤原書店、一九九一年、二七九ページ
(43) 前掲「ラジオは人間の鼓動を伝える」六八―七〇ページ
(44) ベネディクト・アンダーソン『想像の共同体――ナショナリズムの起源と流行』白石隆／白石さや訳(「社会科学の冒険」第七巻)、リブロポート、一九八七年
(45) 川田順造『聲』筑摩書房、一九八八年、一九九ページ
(46) 前掲「〈ラジオの個性〉を再考する」二〇―二一ページ
(47) 福島テレビ YouTube『『ラジオがプラスの遺産に』富岡町民の避難生活を支えた臨時災害放送局 形を変えても町民のそばに』二〇二一年(https://www.youtube.com/watch?v=EFD2tCnGEOY)［二〇二四年三月二十日アクセス］

(48) キース・ソーヤー『凡才の集団は孤高の天才に勝る――「グループ・ジーニアス」が生み出すものすごいアイデア』金子宣子訳、ダイヤモンド社、二〇〇九年
(49) 「みんなでひきこもりラジオ」ＮＨＫ（https://www.nhk.jp/p/hikikomoradio/rs/771KKY63PL/）［二〇二三年一月五日アクセス］
(50) 「【対談・前編】「共に作るラジオ」の先へ――孤立に抗う社会を作るには」ＮＨＫ（https://www3.nhk.or.jp/news/special/hikikomori/pages/articles_99.html）［二〇二四年二月十六日アクセス］
(51) Lisa Glebatis Perks and Jacob S.Turner, "Podcasts and Productivity: A qualitative uses and gratifications study," *Mass Communication and Society*, 22(1), 2019.
(52) 齋藤純一『公共性』（思考のフロンティア）、岩波書店、二〇〇〇年、五―六ページ
(53) ケイト・マーフィ『LISTEN――知性豊かで創造力がある人になれる』篠田真貴子監訳、松丸さとみ訳、日経ＢＰ、二〇二一年
(54) 今関光雄「メディアによって生まれる対面的な個別性の関係――あるラジオ番組リスナーの「集い」について」、日本民族学会編「民族学研究」第六十七巻第四号、日本民族学会、二〇〇三年
(55) 前掲「ラジオ・コミュニケーション再考」
(56) 堀井美香「ラジオからPodcastへ。ジェーン・スーと堀井美香がつくる新しいリスナーの居場所」「5PM Journal」二〇二一年一月十八日（https://5pmjournal.0101.co.jp/column/interview/a0018/）［二〇二三年一月五日アクセス］
(57) 前掲「ラジオは人間の鼓動を伝える」六八ページ
(58) 同論文七一ページ
(59) 同論文七四ページ

(60) 小泉恭子『メモリースケープ——「あの頃」を呼び起こす音楽』みすず書房、二〇一三年、五—六ページ

(61) 三角山放送局・杉澤洋輝氏インタビュー（二〇一七年九月二十二日、三角山放送局）

(62) 前掲「ラジオと高齢者」二四一—二四四ページ

(63) Bertolt Brecht, "Radio as a means of communication: a talk on the function of radio," *Screen*, 20(3-4), Dec. 1, 1979.

(64) 「声の貧困」とは、メディアを通じて自己を表現し、社会に参画していくことを否定された状態、ひいては意思決定に参加する権利が否定された状態を指す。Jo Tacchi, "Voice and Poverty," *Media Development*, 2008(1), 2008 (https://researchrepository.rmit.edu.au/esploro/outputs/journalArticle/Voice-and-Poverty/9921858209801341)［二〇二四年二月十六日アクセス］

(65) Annette Rimmer and the radio research group, *Radio Activism: Breaking the silence and empowering women*, Routledge, 2022.

(66) 「沈黙の文化」とは、南アメリカで識字運動を展開したパウロ・フレイレが、抑圧された人々が自分たちの置かれた過酷な状況を宿命として認識してしまい、その状況が何に起因しているのか、つまり社会的な構造に無自覚なまま発言を抑え込んでしまう状況を指摘したことに基づく用語である。フレイレの思想は、のちにエンパワメントという概念に引き継がれていく。パウロ・フレイレ『被抑圧者の教育学』小沢有作／楠原彰／柿沼秀雄／伊藤周訳（「A.A.LA 教育・文化叢書」第四巻）、亜紀書房、一九七九年

(67) E・ノエル＝ノイマン『沈黙の螺旋理論——世論形成過程の社会心理学 改訂復刻版』池田謙一／安野智子訳、北大路書房、二〇一三年

（68）前掲『声の文化と文字の文化』二七九ページ
（69）芳賀美幸「刑務所ラジオにおけるリクエストプログラムの意義——受刑者に対する質問紙調査の分析から」「第13回社会情報学会中部支部・第8回芸術科学会中部支部・第11回情報文化学会中部支部合同研究発表論文集」社会情報学会中部支部／芸術科学会中部支部／情報文化学会中部支部、二〇二二年（http://ssicj.main.jp/note/ssicj2022.pdf）［二〇二四年二月十六日アクセス］
（70）柴田邦臣『〈情弱〉の社会学——ポスト・ビッグデータ時代の生の技法』青土社、二〇一九年、一七八—一七九ページ

第2章　イギリスでのホスピタルラジオの歴史——放送空間を自作する快楽

1　イギリスのラジオ放送の誕生

ラジオ放送の始まり——国家の影響力とBBC

ホスピタルラジオの歴史を探るにあたり、イギリスの一般的なラジオの歴史と特徴についてもざっと振り返っておこう。メディアは、同時代の政治・経済や技術、ほかのメディアや人々の好奇心のありように少なからず影響を受けて誕生・普及するからだ。

イギリスの放送は、アメリカとは異なり、国家の電気通信管理の施策によって公共放送として独占的に展開したという特徴がある。一九二〇年六月、ラジオブームが起こったイギリスで、無線通信の先駆者だったマルコーニ社がスポンサーを付けて当時の高名なソプラノ歌手ネリー・メルバのコンサートを中継した。このコンサートはヨーロッパ各地やアメリカでも聞くことができ、放送への反響が予想以上に大きかったことから、郵政省は、商業船舶や軍用無線通信の妨害などを表向きの理由にして、放送を一時的に禁止した。[1] 二二年、あらためて特定の対象向けの無線技術（Point to point）と、あらゆる人を対象にする無線技術（Broadcast＝放送）の区別を明らかにしたうえで、マルコーニ社は週に一度、三十分の定期放送を始める許可を得た。これがイギリスでの放送の始まりとされる。[2]

無線やラジオが普及するにつれて、多くの国がひしめくヨーロッパ諸国では波長帯調整の必要が高まり、[3] またアメリカで放送会社が乱立する状況を見据えて放送事業を免許事業として運営することが望ましいという判断[4]もあり、イギリス政府は、マルコーニ社を含む大手メーカー六社と中小メーカー数社に対して申請の一本化を要請した。こうして、イギリス放送会社（British Broadcasting Corporation：BBC）が設立され、政府から放送をめぐる事実上の独占権を与えられた。運営財源にはBBC製受信機の特許権使用料と郵政省が受信者から徴収した受信免許料の一部が充てられた。

一社だけが放送の免許を得るという形態は、広告収入に基づくアメリカの放送とは異なる。初代会長でエンジニア出身のジョン・リースは当時三十四歳だったが、放送局が乱立するアメリカの様子をみて、自由競争に基づく放送形態では視聴者数の最大化を目的にするため、質が高い番組や少数派向け番組を作らなくなると考えた。そこで彼は、電波を公共資源と位置づけ、全国津々浦々に放送を行き届かせること、受信免許料による安定した財源をベースに利益追求を目的としないこと、最高水準の放送を確立すること、そして政府の一組織にならないよう独立性を維持することなど、現在にも通じる公共放送の理念を掲げてBBCの礎を築いた。BBCの姿勢は、いまなお世界的に高く評価されるが、こうした理念は、リース独自の考えではなく、当時のアマチュア無線愛好者たちの議論や資本主義の限界を踏まえ、二十世紀前半に隆盛した公益事業や公社モデルに影響を受けた考え方のようだ。[5]

「病院にラジオを」キャンペーン

イギリスのホスピタルラジオの起源は多岐にわたる。一九二一年に、マルコーニ社による無線のデモンストレーションで、視覚障害者向けにセント・ダンスタンズ病院へコンサートが中継された記録がある。[6] またイギリスで通信・放送事業が出現した二〇年代には、入院患者たちが外の世界に触れて退屈を紛らわすために、病院にラジオを設置して放送を聞けるようにする慈善キャンペーンが展開されていたようだ。バーミンガムでは、二四年十一月に、学生たちが地元企業製作の移動可能な車輪付きラジオを病院に寄贈した記事があるほか、[7] 北アイルランドでは、首相夫人が、病人や寝たきりの人が外の世界に触れて悩みを紛らわす一助にと、アルスターのすべての病院と慈善施設にラジオ受信設備の設置を訴えた記事もみられる。[8] 誕生間もない新技術であるラジオというメディアを使って患者たちを元気づけようとするキャンペーンが、早いうちから慈善活動として展開された点が興味深い。看取りの場面などでは聴覚は最後まで維持されるということをよく聞くが、新聞などと比べて、耳だけで聞くラジオは、患者たちがメディアに接するうえでの負担が小さいという利点も早いうちから気づいていたのだろう。

都市部では、その後、新聞社が中心になって、入院患者がラジオを聞けるように設備や機材を寄付する大規模キャンペーンを立ち上げた。王室や篤志家、慈善団体からの寄付を紙面で報告しながら、広く読者からも寄付を募っている。

例えば一九二五年五月のロンドンの *Daily News* には、国王夫妻によるキャンペーンへの金銭的寄付の話題や、ラジオ製造会社から百床分の機材を提供したいという申し出があったことが記してある。また病院内のラジオが、両目に包帯を巻いて何日も仰向けに寝ていなければならない眼科の患者にとってきわめて好意的に受け止められたと書いてあって、同社は、このキャンペーンを通じてロンドン中の病院にラジオを設置すると宣言している。一方、*Birmingham Daily Gazette* も、二五年六月にホスピタルラジオ基金を立ち上げている。そこでは、症状が重い患者に迷惑をかけないように、各自自由に番組を楽しむことができるヘッドホンを使うほうがスピーカーで聞くよりも望ましいとして、バーミンガム近郊の病院の五千床にヘッドホン型受信機を設置するという目標を掲げている。

新聞の調査からは、こうしたキャンペーンでの具体的な受信システムや、これらの新聞社が基金を立ち上げることになった直接の契機まではたどることができなかった。一方、ホスピタルラジオの歴史をたどったブリン・グッドウィンは、ホスピタルラジオはアメリカ・ワシントンDCで一九一九年に始まったとし、イギリスでの起源としては二四年のウォルターリード総合病院を挙げている。病棟にヘッドホンやスピーカーを設置し、中央のポイントから配線してラジオを聞けるようにした最初の例だ。そして二五年のヨーク・カウンティ病院では、同様のシステム構築に加えて二六年には病院内からの放送も始まった(9)とあり、グッドウィンのこの記述がさまざまなところで引用されているようだ。病院内放送設立の中心的存在だったトーマス・ハンストックは、建具職人から写真家に転じ、X線撮影の手伝いをしていた際に病院とのつながりをもったとされる。新しい技術やメディア全般に強い関心をもっていた彼は、おそらく当時最先端のメディアだった無線やラジオにも注目したようだ。二二年に郵政省から無線通信実験の許可を得て、二五年から二六年にかけてヨーク・カウンティ病院の病棟全体に配線システムを構築し、二百のヘッドホンと七十のスピーカーで音楽と音声を聞けるようにした。このときの詳細な技術的記録は残っていないが、ハンストックの息子によれば、父親とともに患者が好きなレコードを放送する活動に付き合った記憶があるという、病院内に設置された蓄音機の音声を受信機に放送するシステムだったようだ。

グッドウィンはほかの事例も挙げている。一九三〇年代には、トッテナムで病院にサッカーの試合を電話回線で中継するサービスが始まったとされる。また、オールダムの高齢者施設では、看護師長のアイデアで、病院のラジオ聴取システムを拡張してスタジオを作り、そこで看護師が交代で歌を歌ったり、方言で物語を読んだり、ピアノを弾いたり、レコードをかけたりするのを放送していたと記している。ラジオという新たなメディアを活用して閉鎖空間で病気と闘う患者たちを励ましたいという思いから、二〇年代半ば以降のイギリス各地では同時多発的に、当時可能な技術を組み合わせて、こうした院内ラジオとして実現化されていったようだ。

ちなみに、グッドウィンによれば、戦後日本でも、一九四六年にイギリス連邦岩国空軍基地内の病院でホスピタルラジオが開設された記録があるという。ラジオでオーストラリアの番組を聞けることがわかったスタッフがスピーカーを病棟に取り付けたというから、いわゆる館内放送のようなものだろう。そのシステムを介して、朝、患者に声をかけ、レコードを流し、朝食の時間を告げ、消灯の時間にも患者に声をかけていたそうだ。

2　第二次世界大戦後のホスピタルラジオ

新聞社主体のラジオ寄贈キャンペーンや各病院の野心的な試みと、現在にいたるホスピタルラジオの関係についての十分な資料は見当たらない。現在のホスピタルラジオの開局年次はすべて戦後だ。おそらくは、第二次世界大戦と機器の経年劣化などで戦前の試みはいったん途絶えたのではないだろうか。

ホスピタルラジオ協会（ＨＢＡ）の局リストのうち、最も古い開局は一九四八年[10]だが、開局年次に放送開始以前の病院慰問の開始年などを挙げている局も多く、判然としない。ちなみにホスピタルラジオ協会のウェブサイトを見ると、二〇二二年六月時点で、イギリス全体には百五十四のホスピタルラジオ局がある。この百五十四の局の開局年度を調べてみると、図1のように、一九七〇年代に普及のピークを迎えていることがわかる。

戦後のホスピタルラジオの起源として考えられるのは、スポーツ解説あるいは中継と、音楽リクエスト番組である。一九四〇年代から五〇年代という初期に開局した二十三局のうち、十六局のウェブサイトには局の歴史が載っている。そのうち、十三局が各地のスタジアムから病院へのスポー

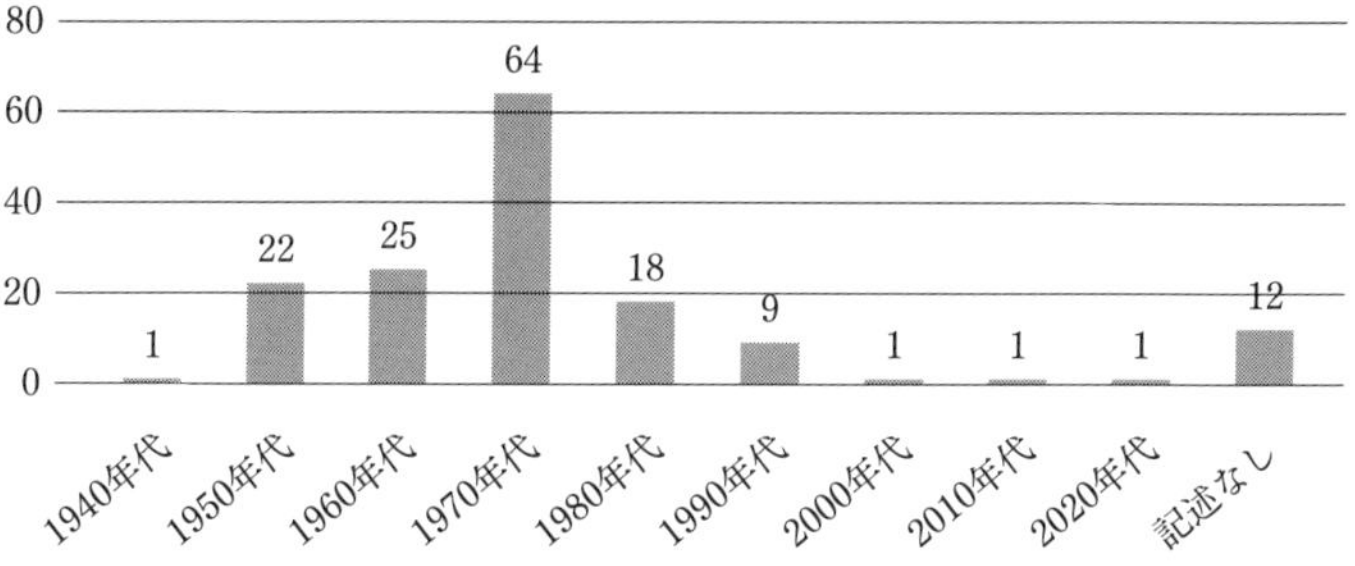

図1　現存するホスピタルラジオの開局年次
（出典：HBA ウェブサイト〔2022年（https://www.hbauk.com/member-stations/）［2022年6月10日アクセス］〕から筆者作成）

ツ中継を起源としている。残りの三局は、レコードやスピーカーを用いた慰問時の音楽演奏を起源とする。閉鎖空間である病院にエンターテインメントをという意図は戦前からの潮流を引き継ぐものだが、戦後は、スポーツ中継や音楽など、かなり限定された娯楽の提供から始まったといえそうだ。

病院へのスポーツ中継は、一九五一年十月にポーツマス・フットボールクラブでサッカー解説中継サービスが開始されたのが始まりだ。同チームの理事がほかのチームにもはたらきかけたことから普及し、五〇年代の終わりにはイングランド、スコットランド、ウェールズの病院で解説中継がおこなわれていたようだ。

こうしたサッカーチームとともに、Toc H のネットワークも導入に影響力をもった。Toc H とは、イギリスのキリスト教慈善団体[11]で、病院慰問を積極的におこなってきた。第一次世界大戦後、階級を超えた兵士の交流や慈善活動、献血サービスなどを開始し、同団体の活動は一九四〇年代から五〇年代が最盛期である。ポーツマスの中継以降、スポーツ中継サービスは六〇年までに七十八に増加したが、そのうち三〇パーセント近くがToc Hによって開始されたものらしい。[12] 多くの場合、スタジアムからの中継を電話回線を通じて町の再配信システム（Rediffusion/Wired Wireless）に送り、そこから病院に配信する回線を介してベッドサイドで聞ける仕組みだったようだ。

3 ケーブルラジオとホスピタルラジオ

ところで、この再配信システム、すなわちケーブルラジオという仕組みは、現代の日本ではあまりなじみがない。しかし、以前は農村などの有線放送電話や奄美などにみられる親子ラジオ、あるいは有線放送などのイギリスとよく似た仕組みが存在していた。ホスピタルラジオのゆりかごになったケーブルラジオについても仕組みと背景を少し説明しておこう。

受信機が高価だった初期、イギリスでは、受信者側が受信免許料、つまり聴取料を支払わないと放送が聞けなかったため、庶民には費用的負担が大きかった。また、地方では、電波が十分届かず、聞き取りづらかった。そこで模索されたのが共同聴取方式だ。アンテナや高性能の受信機でクリアに受信した放送を、ケーブルで近所の各家庭や店舗につなぎ、各自はスピーカーだけ設置することで安価にラジオ番組を聴取できる、いわばケーブルラジオが町ごとに普及した。[13]

ＢＢＣは、戦後も数十年にわたって教育的・啓蒙的な番組が多く、またロンドンの話題を中心にした中央集権的放送だったために人々の潜在的不満は大きかった。こうした娯楽番組への潜在的要求に応えてきたのが国外や公海上からイギリスに向けて電波を発する商業ラジオ局であり、人々はこうした多様な放送をケーブルラジオで聞いていた。放送の電波は、聴取対象地域を細かくセグメント化することが難しく、対象地域外にまで放送が届いてしまう「スピルオーバー」を起こす。逆にいえば、出力さえ大きければかなり遠くまで国境を越えて電波を飛ばすこともできる。例えば、冷戦下のヨーロッパでは、西側の放送を東欧社会主義諸国で受信できた。人々がこれをこっそり視聴できたので、国家の信用が失われて情報統制の崩壊が進んだとも指摘されている。電波の統制は難しいため、多くの国が国境を接するヨーロッパでは、商業放送がない国々に向けた放送ビジネスが早くから展開されていたのである。

最も有名なのが、電波監理が比較的緩かったルクセンブルクに本拠を置くラジオ・ルクセンブルクだった。国際放送連合の規定を無視し、一九三〇年代から多言語の商業放送局として、イギリスにも強力な電波を飛ばして番組を放送して広告収入を得続けた。[14]六〇年代になると、海賊放送(Pirate Radio)が現れ、ラジオ・ルクセンブルクの商業的独占を崩す。海賊放送とは、放送免許を得ずに、送信機を積み込んだパナマ国籍あるいは無国籍の船に四十メートルから五十メートルのアンテナを立て、公海上から沿岸諸国に向けて放送することである。公海上からの放送なので国家の制限を受けず、不法ではないという認識でオランダや北欧で始まったビジネスで、六〇年代には八局が存在した。[15]イギリスでは、六四年から六七年にサフォーク沖で放送していたラジオ・キャロラインが有名で、国内では人口の五分の一にあたる一千万人から千五百万人が聴取したともいわれる。[16]こうした放送を聞くために多チャンネルでクリアな音声が聞けるケーブルラジオが用いられ、病院内でも複数のチャンネルを聞くことができた。そのうちの一つのチャンネルを時間によって切り替えて入院患者に特化した放送がそれぞれの病院で始まったようである。

このように、一九五〇年代から六〇年代にかけての多様な新しい運営事例が Toc H のネットワークやサッカーチーム、個人を介して広がり、七〇年のホスピタルラジオ協会設立で各地にノウハウが広まり、一斉に設立されたといえるだろう。繰り返せば、ホスピタルラジオ局の開設時期は、五〇年代から八〇年代と四十年にわたっていて、そのときどきの社会情勢や地域での情報技術システムの状況、各地の病院の状況や創設者のパーソナリティーなどによって実に多様であるため、一般化は難しい。

ホスピタルラジオの歴史については、グッドウィンが個人的にまとめた文献(17)のほかに、サウザンプトン・ホスピタルラジオの関係者が局の成り立ちをまとめた記録(18)がある。サウザンプトンは代表的なホスピタルラジオ局であり、現在も百人以上のボランティアが参加している。開局も一九五二年と早期で Toc H との関係も深い。以降は、サウザンプトンの関係者だったロイストン・F・スタッブスの記録をもとに、適宜他局の状況にも触れながら、その歴史を簡単に振り返ってみよう。

4　ホスピタルラジオ・サウザンプトンの歴史

サッカー中継

サウザンプトンのホスピタルラジオは、一九五二年のサッカー中継を開局年次としているが、その起源は、サッカー中継を実現したレズリー・サリバンの個人的な活動にさかのぼる。健康上の理由から軍人になれなかったサリバンは、三〇年、二十三歳で Toc H に加入し、廃品回収などの資金調達をして、軍人のために鉄道駅の休憩所や食堂を開設する慈善サービスを展開していた。戦後、このときの経験を彼がＢＢＣの番組で語ったところ非常に好評だったため、地域レポーターとして採用され、放送でのキャリアをスタートさせたという。そのうち彼は、プリマスのサッカー場で視覚障害者向けの実況を依頼された。そしてこれをきっかけに、実況録音を地元の病院で再生する活動を始めた。サッカーチームも中継のためのベンチとフリーパスを無料で提供して活動を支えたという。

サリバンは一九四八年にサウザンプトンに移る。彼は、のちにブリストルの Toc H がケーブルラジオを通じて病院の入院患者にサッカー中継を始めたことを聞き、サウザンプトンのケーブルラジオに打診して同様のサッカー中継を試してみたようだ。このとき必要になった予算のうち最も大きかったのは年間七十五ポンドに及ぶ電話回線契約と、試合ごとに必要なレンタル機材代だった。千五百ポンドで三ベッドルームの新築の家を買える時代に、電話回線契約料と機材のレンタルで年間百ポンド近い費用は結構な額といえるが、サリバンは地元企業から十五ポンドを集めた段階で、このサービスを見切り発車させた。このころ病院では、ケーブルラジオを通じて三チャンネルをベッドサイドで聞くことができたが、サリバンらの中継は、ラジオ・ルクセンブルクなどの海外チャンネルを手動で切り替えて放送した。

こうしてサウザンプトン・ホスピタルラジオは、一九五二年十月十八日、サウザンプトン・セインツ対ドンカスター・ロジャースの試合中継で放送を開始した。ハーフタイムには患者向けクイズを出題する。患者が葉書で答えを送ると正解者にはサッカー選手が病棟まで見舞いにきてくれるという、チームとの温かい交流が感じられるプレゼントもあった。二回の試験的中継後にはサウザンプトン・フットボールクラブが電話回線と機材代を負担してくれることになり、定期的な病院中継が開始した。なお五八年には、アウェイの試合についても、地元のホスピタルラジオから電話回線を通じて中継するシステムが整ったようで、この時期にいくつかの地方都市に同様の活動が広がっていたことがわかる。なお、こうした協力体制は現在も続いている。

音楽番組

一九六〇年代初頭、入院中にホスピタルラジオを知り、ボランティアとして関わることになったジョン・ストレンジャーは、Toc H を通じて、ブリストルで入院患者に対してリクエスト番組を放送していることを知った。そしてサッカー中継のために高額な電話回線を年間契約しながらも中継がない日に何も放送していないことに驚き、空き回線で音楽番組を放送しようと思い立った。

たまたまサウザンプトンのケーブルラジオにブリストルから転籍してきた職員がいたこともあり、彼の協力を得て、早速、病院内にリクエストカードとボックスを用意して音楽番組を始めた。Toc H の新聞に記事を載せ、友人や家族からもお見舞いメッセージとリクエストを葉書で募って、Toc H の一室で最初のリクエスト番組を録音した。レコードは街のレコードショップやジュークボックスの経営者から借りたが、当時の流行曲しかなく、高齢の入院患者のリクエストには半分くらいしか応えられないという悩みもあった。

ボランティアによって運営されるホスピタルラジオには、日々進歩する編集機材や回線技術、スタジオなどの技術的課題に対応する困難さが常に付きまとう。ストレンジャーの音楽番組では、ＢＢＣマンチェスターで番組制作に関わったことがあるジェフ・オールコックがのちに技術回りの変革を引き受け、ケーブルラジオの廃棄機材と購入した機材とを組み合わせて、使い勝手がいい録音・編集機材を作り上げていった。録音場所もしばらくは Toc H の間借りだったが、自宅の庭のガレージに録音スタジオを作って、収録日になると若者たちがタバコの煙で燻されながら曲を編集して録音するようになった。ちなみに、このころ安価に入手できたテープレコーダーが、トークや音楽の編集や、よりよい話し方を追求するうえで大きな役割を果たしたという。こうして一九六四年には、週末のサッカー中継のほかに水曜日と金曜日のリクエスト番組をレギュラー放送して、六六年には Toc H の地下スタジオから最初の生放送もおこなわれた。録音スタジオはその後も何度か移転したが、現在では病院の敷地内にスタジオが設置されている。

ホスピタルラジオの黄金期

サウザンプトン・ホスピタルラジオでは一九六〇年代から、音楽リクエスト番組以外に、病院の外や町でおこなわれるさまざまなイベントを録音して患者たちに伝える番組を制作するようになった。六四年のクリスマスには学校でのクリスマスキャロルと市長や街の人々から患者たちに向けた膨大なメッセージを録音して放送し、教会の礼拝も中継した。六五年には手軽なポータブル録音機を新たに購入し、当地で開催されたオペラや祭りなど街のイベントも放送するようになった。同年には、高額な電話回線を使わずケーブルラジオのサービスにそのまま接続して、街の一大イベントであるカーニバルの様子を生中継する方法も試験的におこなった。ほかにも長いケーブルや電話線を通じて域内十九の中等学校対抗のクイズショーをおこなうなど、素人離れした技術力がこの時期に養われ、プロからも手伝いを頼まれることが多かったという。このころ、ホスピタルラジオはプロのパーソナリティーになるうえでの登竜門でもあり、またビートルズをはじめ当時のポピュラー・ミュージックのアーティストがたびたびホスピタルラジオのスタジオを訪れて患者を慰問したり取材を受けたりすることもあった。

一九六九年の段階で、サウザンプトン・ホスピタルラジオの番組はケーブルラジオを通じて地区の十の病院に中継されて千六百人が聴取可能になっていた。リクエストも電話で寄せられるようになり、ボランティアは六十人近くにのぼった。当時の番組表をみると、週末のスポーツ中継やリクエスト番組を中心に、毎晩、インタビュー番組や地域の情報番組などがにぎやかに放送される様子が伝わってくる。病院でしか聞けない町のラジオだ。

一九七〇年代になると中継車が導入された。カーニバルの際には、祭りの群衆に紛れないように中継用のやぐらを組んで、中継車で音声調整をして病院に放送された。まさに、プロ並みの中継技術だ。八〇年代になると、一カ月ほど許可される二十四時間限定放送用の免許が使えるようになって、イベントの際には限定電波で地域への中継もできるようになった。

こうして振り返ると、入院患者が聞くだけではもったいないほどの力の入れようである。ちなみにイギリスのラジオ論を網羅した『ラジオ・ハンドブック(19)』には、ホスピタルラジオ局のスタジオを、BBCや商業放送にも引けを取らないクオリティーだと紹介している。各地で試行錯誤が繰り広げられたホスピタルラジオの番組編成や技術は、一九七〇年に設立された全英ホスピタルラジオ協会のニュースレターなどによって他地域にも取り入れられていくことになる。

5　ヨーロッパの自由ラジオ

ところで興味深いことに、ホスピタルラジオ初期の歴史記録には、患者のための慈善活動という記述が資料のなかにほとんど見当たらない。伝わってくるのは、音楽好きの若者たちが当時入手可能だった音響機材をブリコラージュしてシステムを作り、リクエスト曲とメッセージ、コメントをテープに編集して番組制作することを部活動のように楽しんでいる雰囲気である。当時はスタジオが病院になかったことも影響しているにちがいないが、こうした記録の偏りはほかのホスピタルラジオの歴史でも同様である。つまり、ホスピタルラジオは慰問や患者のケアなどの利他的な側面から始まったというよりも、自分たちがラジオを放送できる仕組みとしてテクニカルな関心から構築されていった側面が大きいように感じられる。素人離れした設備や番組内容はそのことを裏づけているのではないか。

そこで、ホスピタルラジオと直接の関わりはないものの、背景としてヨーロッパで盛んだった自由ラジオに言及しておく。先にも述べたように、公共放送中心のヨーロッパには、視聴できる番組の放送内容に満足できない若者たちがいた。彼らは、テレビに主流の座を追われて周縁化されつつあったラジオを自分たちのメディアにしようとラジオ局を作り始めていた。彼らに力を与えたのが、「自分の意見をコミュニケイトする自由は人間の最も貴重な権利である」として、電波規制が憲法条項に反するとした一九七六年のイタリア最高裁の判決だった。これを機に規制が緩和され、到達距離十五キロメートル、聴取者十万人の制限を超えない範囲で、誰でも届け出だけで放送ができる画期的な状況が生まれた。[20] この解放に伴ってイタリアに誕生した数千に及ぶ小規模ラジオ局「自由ラジオ」は、公共放送の「正しい」番組にうんざりしていた聴取者の欲求を満たす娯楽番組として始まり、次第に意見を表明する場となって徐々に平和運動や環境運動、女性運動など多様な政治運動へと波及した。そして、文化の自律を軸にした自治権運動「アウトノミア」運動で、主流メディアが伝えないオルタナティブな声を流すメディアとして中心的な役割を果たすようになる。「自由ラジオ」運動は、国家による電波監理に反対し、言論・表現の自由や多様性を求める若者たちによって、放送電波の発信が非合法だったフランスや西ドイツ（当時）をはじめイギリスにも広がり、小型化・廉価化した電子機器を組み合わせて電波を発する小さなラジオ局がヨーロッパ各地にいくつも誕生した。

余談だが、表現の多様性を担保するメディアとして小さなラジオ局を設立する動きは、ほぼ同時期に途上国でも模索された。一九七〇年代のユネスコの新国際情報秩序論争では西側諸国からの一方的な情報流入に対して均衡がとれた情報発信を途上国側が求めたが、この潮流に乗って、小さなメディア、とりわけラジオが途上国の民主化に有効だと注目されたのである。コミュニティレベルの小規模ラジオは、途上国、特に交通や情報通信が不便な僻地に暮らす人々の情報ツールとして、また少数言語を話す人々や女性たちのエンパワメントのツールとして活用されるようになり、現在も参加型メディアの一形態として国際的な存在感を有している。

これら独立系小規模放送は、社会の多様化を推し進める世界的な動きのもと、各地で徐々に制度化されていく。アメリカでは一九八〇年代に、ケーブルテレビの地域独占を認めるかわりに住民が放送できるチャンネルを義務化するパブリック・アクセス制度が制定された。ヨーロッパ各国でも八〇年代に、言論の自由を担保する仕組みとして、フランスでは自由ラジオ（テレビ）、ドイツではオープンチャンネルなどとして制度化されている。[21]

なお、イギリスでは、市民による小さなラジオの制度化はほかのヨーロッパ諸国よりも遅れていた。[22] BBCがローカル放送を本格的に開始したのは六七年、民間ローカルラジオは七二年で、これはNHKが放送開始初期から地域放送をおこない、五一年の民間放送開始とともに各地にラジオが設立された日本からみるとかなりあとになってのことだ。八〇年までにはイギリスでも三十局の民放ラジオが設立されたが、地域密着を標榜して開局した民間放送局も、財政基盤の弱さや法律的課題、そしてBBCとの競合もあって、ほとんどが閉鎖か買収という選択を迫られている。[23] そのため、受信料に基づく大規模な公共放送と商業放送という「複占（Duopoly）」状況でも十分に多様性を担保できないとして、イギリスでは非合法放送局が存在しつづけた。特に言語や文化の多様性を有するイギリスでは、移民たちが母語で情報を得られる放送へのニーズは根強くあったし、またマイナーな音楽を流す放送局や、自由ラジオと同様の意図で設立された小規模放送局も非合法ながら多く存在した。ちなみにインターネットが普及し、コミュニティラジオ制度が導入されたあとの二〇〇七年段階でも、百五十程度の非合法ラジオが存在し、ロンドン近郊に在住する成人の一六パーセントがこれらの違法ラジオを聞いていたという。[24]

放送をめぐるこうした状況が、イギリスのホスピタルラジオ設立に直接影響したとは言い難い。しかし、単なるマスメディアの受け手としてではなく、自分たちでメディアを作りたいという欲望が同時多発的に世界各地に生まれていた。ホスピタルラジオの記録が技術中心になっているのも、こうした背景と関わりがあるのではないだろうか。

6 新たな聴取システム――Patient LineとHospedia

一九九〇年代になると大きな変化があった。ラジオのイヤホン・ジャックだけだったイギリスの病院に、メディアユニットサービスが普及しはじめたのである。これは、ベッドサイドに設置されたモニターをベッドに横たわる患者の目の前に引き寄せて、テレビやインターネットを楽しめるものである。Patient Line、Hospedia などのサービスで、テレビや電話には使用料がかかるが、ホスピタルラジオを含むラジオは無料だった。

こうしたサービスの導入は、ホスピタルラジオにとって両義的だった。病院内の配線など技術的な問題を軽減し、モニター上にホスピタルラジオの存在を可視化できるメリットもあったが、手軽に楽しめるテレビやラジオに患者を取られてしまうデメリットもあった。とはいえ、サウザンプトン・ホスピタルラジオの二〇〇二年当時の記録によれば、無料で聞けるラジオ六チャンネルのうち、ローカルの商業ラジオとBBCに次いで、ホスピタルラジオは三番目に甘んじていたが、見舞客が帰ってしまったあとのリクエストタイムは、ホスピタルラジオの「プライムタイム」だったという[25]。このことからも、ホスピタルラジオは双方向なコミュニティである点に意義があったといえるだろう。

二〇一〇年代以降、手軽なタブレットやスマホの普及によって、これらの病院エンターテインメントシステムも衰退した。現在では再びベッドサイドのイヤホンとウェブ配信システムによる放送が中心になっている。また、ほとんどのホスピタルラジオは自動送出システムで二十四時間放送をおこない、昨今ではインターネット放送もおこなわれている。病院側主導で進められるシステム導入と技術革新にどう対応するかはホスピタルラジオの永遠の課題である。

7　ケアされるのは誰か

ホスピタルラジオは、決して大多数の人に聞かれているわけではない。またホスピタルラジオは、自由ラジオのように社会変革を求める動きのために展開されたわけでもない。しかし、日本に自由ラジオを紹介して自ら開局した粉川哲夫は、自由ラジオが提起していたのは、それまで「コミュニケイションのハンディキャップをもってた人たちが、ラジオをつうじてお互いのコミュニケイションができるんだという自信をとりもどしたこと」[26]だと述べている。日本でも一九六〇年代、地方などで、テレビ放送の再送信サービスの空きチャンネルを利用して、地域の自主制作番組を放送する市町村単位のケーブルテレビ放送が各地に誕生した。こうした日本での動きは、ヨーロッパやアメリカで起こった明らかな反権力・反商業主義やマイノリティの権利運動とは異なるものの、一方向的で中央集権的な放送の受け手だった人々が自分たちの放送を作りたいと始めた点では共通している。インターネットが普及する以前にも、安くなったデジタル機材をブリコラージュして小さなメディアを自分たちで作って発信を試みる活動が世界各地で同時多発的に起こっていたのである。

繰り返すが、ホスピタルラジオは、自由ラジオやパブリック・アクセスのような政治的運動とは距離を置いた活動であり、多くが電波を発して外部にも向けて放送をしているわけではない。しかし、その根底には、望んでも参加できない放送への憧憬や自らも放送に関与してみたいという意志が多くの人々に間違いなく存在してきた。実際、ホスピタルラジオ協会の会員誌 *On Air* 第百号のエッセーには、サッカー解説や自分で編集した音楽テープ番組を聞いてもらいたいという欲求、あるいは本当はポップな海賊放送に携わりたかったという人々がホスピタルラジオにその可能性を求めたこと、ミキサーや録音・放送設備、それに卵パックを防音壁にしてスタジオを手作りしていくことが、ある意味「男の子のおもちゃ」だったと回想する記述がある。[27]ホスピタルラジオを作ることは、自分が主人公になれるメディアを作ることでもあった。
また、上野俊哉は、オルタナティブな独立系メディアを作り出そうとするメディア・アクティヴィズムは、他者や受苦者のためにおこなわれるというよりも、自分が楽しいからおこなう自己目的的な活動であるとともに、その活動を通して既存のシステムに異議を突き付け、解体しようとする運動であると説明する。(28) ホスピタルラジオは一見、保守的なチャリティー活動にしかみえない。だが、その記録をつぶさにみていくと、そこには自分たちで放送というメディアを作り上げ、関わりたいという欲望が確かに存在していることがわかる。マスメディアに対して常に受け手に置かれていた人々が送り手側になるという経験、自分の話を聞いてもらう経験はインターネット出現以前では貴重な機会だったにちがいない。患者かボランティアか、より深く満足し、ケアされていたのはどちらなのだろうか。

注

(1) 小林恭子『英国メディア史』(中公選書)、中央公論新社、二〇一一年、一五一―一五二ページ
(2) 蓑葉信弘『BBCイギリス放送協会――パブリック・サービス放送の伝統 第二版』東信堂、二〇〇三年、五ページ
(3) Andrew Crisell, *An Introductory History of British Broadcasting*, Routledge, 2002, p. 18.
(4) 大蔵雄之助「BBCの設立と理念」、原麻里子／柴山哲也編著『公共放送BBCの研究』所収、ミ

ネルヴァ書房、二〇一一年、三九ページ
（5）Crisell, *op.cit.*, p. 19.
（6）Asa Briggs, *The history of broadcasting in the United Kingdom: Vol.1 The birth of broadcasting*, Oxford University Press, 1961, p. 52.（一九二一年八月二十日、九月十七日号の *Wireless World* の記事からの引用。）
（7）"Gift to Hospital," *Birmingham Daily Gazette*, Nov. 1, 1924.
（8）"Hospital Radio Sets," *Belfast News Letter*, Dec. 10, 1924.
（9）B.Goodwin, "Part1. The Early Years," *History of Broadcasting: The First 70 years*, 1995.（私家版。USBメモリーで本人から受け取った。）
（10）ウェブサイトの記録上最も古いとされるラジオ・ローンデールは院内放送システムが作られた一九四八年を開局の年としていて、その後、五〇年代になって患者やスタッフのためのスポーツ中継やリクエスト番組が始まっている。
（11）Toc H "Our Story"（https://www.toch-uk.org.uk/ourstory）［二〇二四年二月十六日アクセス］
（12）Goodwin, *op.cit* によると、このとき Toc H はシステムを普及させるうえで、以下のようなアドバイスをしたという。「解説の組織や運営にさまざまな方法で関わる人々を集めておくといい。チームの事務局、地元の病院、老人ホーム、視覚障害者施設などの事務（または代表者）、郵便局の電話担当者とそのエンジニア、病院やホームなどのラジオ設置担当者とそのエンジニアなど」
（13）Crisell, *An Introductory History of British Broadcasting*, p. 23, Rediffusion Limited, *1928-1978: The first 50 years of Rediffusion*, Rediffusion Limited（http://www.rediffusion.info/1928-1978/）［二〇二四年二月十六日アクセス］。なお、こうした共同聴取については日本でもおこなわれていた。坂田謙司

『「声」の有線メディア史――共同聴取から有線放送電話を巡る〈メディアの生涯〉』（世界思想社、二〇〇五年）を参照。

（14）第二次世界大戦中は停波していたが、一九九二年まで放送を続けた。

（15）平塚千尋「海賊放送から市民放送へ――ヨーロッパにおける放送への市民参加」、ＮＨＫ放送文化研究所編「放送研究と調査」二〇〇二年二月号、ＮＨＫ出版

（16）Martin Shingler and Cindy Wieringa, *On Air: Methods and Meanings of Radio*, Arnold, 1998, p. 2.

（17）Godwin, *op.cit.*（私家版）

（18）Roy Stubbs, *Celebrating the History of Southampton Hospital Radio*, Palma Publications, 2002.

（19）Carole Fleming, *The Radio Handbook*, Third edition, Routledge, 2009, pp. 34-35.

（20）粉川哲夫編『これが「自由ラジオ」だ』（犀の本）、晶文社、一九八三年、一一ページ

（21）津田正夫「市民アクセスの地平（上）――失われた表現とコミュニケーションの恢復を求めて」、立命館大学産業社会学会編「立命館産業社会論集」第四十巻第三号、立命館大学産業社会学会、二〇〇四年

（22）その理由には、イギリスでＢＢＣがそれなりに人々の信頼感と愛着を得ていたという指摘もある（Fleming, *op.cit.*, p. 43)。松浦によるコミュニティメディア設立運動団体 COMCOM の創設者ピーター・ルイスへのインタビューを参照。松浦さと子『英国コミュニティメディアの現在――「複占」に抗う第三の声』書肆クラルテ、二〇一二年、一九―二五ページ

（23）Fleming, *op.cit.*, pp. 44-45.

（24）Ofcom, *Illegal Broadcasting: Understanding the issues*, 2007 (https://www.ofcom.org.uk/__data/assets/pdf_file/0014/40307/illegal_broadcasting.pdf)［二〇二二年七月三日アクセス。現在はリンク切

れ」

(25) Stubbs, *op.cit.*, pp. 67-68.

(26) *Ibid.*, p. 164.

(27) Dennis Rookard, "Hundred not Out," *On Air*, 100, Sep./Oct., 2004, p. 6.

(28) 上野俊哉「アウトノミアからアクティヴィズムへ」「現代思想」一九九八年三月号、青土社、二〇七ページ

第３章　イギリスのホスピタルラジオの現在

1　ホスピタルラジオの運営

ホスピタルラジオの誕生から七十年後の現在、インターネットやスマホなどメディアがあふれているなかで、イギリスのホスピタルラジオはどんな状況にあるのだろうか。

イギリスのホスピタルラジオ協会（ＨＢＡ）のウェブサイト[1]に掲載されている加盟局の状況を分析したところ、最盛期には三百五十局[2]あまりだったのが、近接局の統合、イギリスでの病院内Wi-Fiの増加とスマホの普及などによって現在、百五十四局と減少傾向にある。

ホスピタルラジオはいまも住民ボランティアが運営している。ボランティアは、少ないところで十人前後、多いところでは百人を超す。多くの局が二十人から四十人、平均三十五人で運営している[3]。イギリスには非営利公益活動をおこなう団体に対する登録慈善団体制度[4]があり、社会的信用を

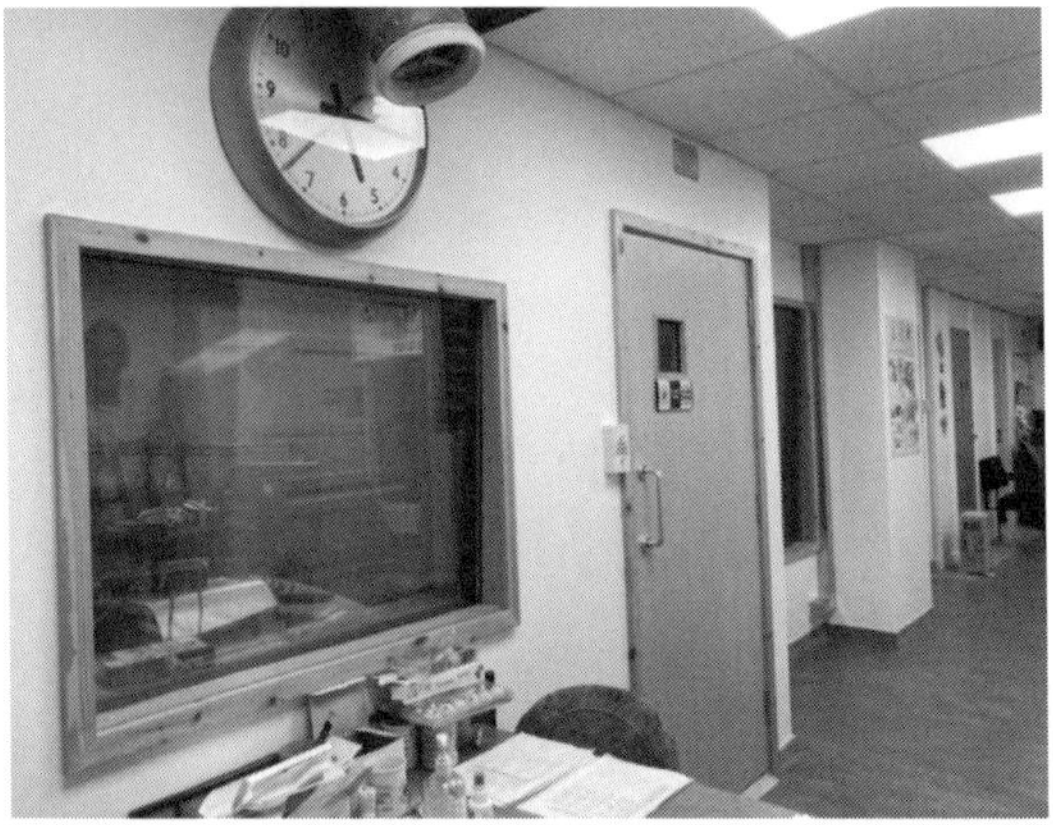

写真1　エジンバラ・ウェストジェネラル病院のレッド・ドット・ラジオ。スタジオが2つある平均的なホスピタルラジオの設備（筆者撮影、2022年9月23日）

重視するホスピタルラジオ局や運営費が年間五千ポンドを上回るホスピタルラジオ局は、この制度下で運営されている。

運営資金についてみてみよう。かつてサウザンプトンでは、初期には、Toc H をはじめロータリーなどの慈善団体から土地の無料提供や寄付を受け、サウザンプトン・フットボールチームからの寄付も大きな割合を占めていた。近年は、多様な財源がそのときどきに模索されている。イギリスの慈善団体で主流の資金源でもある宝くじ、古書や中古レコード販売、バザーやラッフルと呼ばれるくじ引き、古紙回収、ダンスパーティーやツアーなどのイベント収入、スポンサー広告などあらゆる手法を模索して賄われてきた。ユニークな資金調達の事例としては、噴水に投げ込まれたコイン拾い、サウザンプトンのサッカーチーム・セインツがマンチェスターUに競り勝った際のウイニングボールのオークション、最も遠くに風船を飛ばした人が賞金を得るバルーン・レースなどがある。資金調達過程もまた、ボランティアや地元住民の娯楽になっている様子がみえてくる。

最近の運営資金の事情について六局にインタビューしたところ、日本円にして年間三十万円から百万円程度とかなりばらつきがある。いずれも内訳は施設・設備の整備・維持費、音楽やニュースの著作権料・配信料が中心で、主にボランティアによる年会費（日本円で一人数千円程度）、篤志家や企業、財団からの寄付金、補助金などの公的資金、イギリスに特徴的な国営宝くじの助成金のほか、慈善団体に許可されるくじ収入、広報誌収入やボランティアによるPA（イベントなどの技術アシスト）収入などで多角的に賄われている。一九九四年、ジョン・メージャー政権時に誕生したイギリス国営宝くじ基金は、文化やスポーツ団体のほか慈善団体へも助成金を支給していて、ホスピタルラジオの申請も可能だ。施設補修など追加の資金調達が必要になった際には、ホスピタルラジオ協会からの助成金も申請できる。[5] 病院側は、多くの場合、場所や光熱費を提供することでサポートしているが、NHS（国民保健サービス）が直接資金提供をしている局もある。

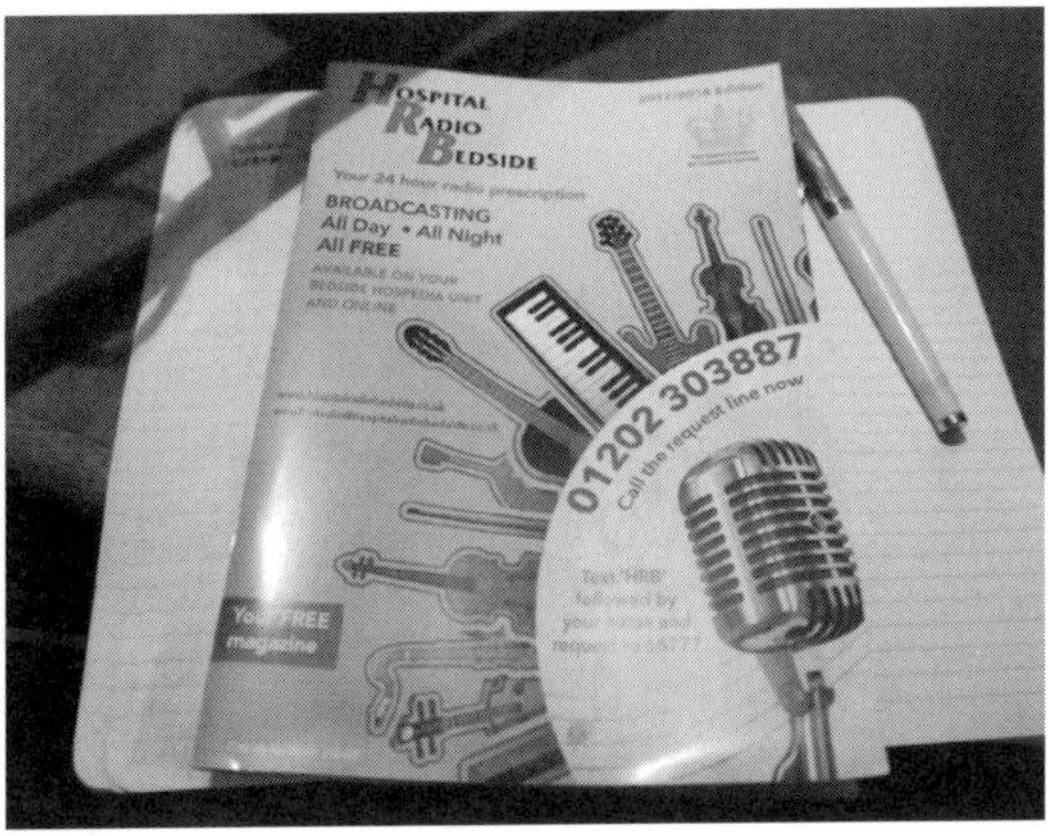

写真2　ホスピタルラジオ・ベッドサイドの広報フリーペーパー。ボランティアがこの冊子でホスピタルラジオについて説明し、患者にリクエストを募る。フリーペーパーにはボランティアの寄稿や自己紹介、ラジオの情報のほか、介護やサービスなど地域スポンサーの広告が掲載されている（筆者撮影）

　個別事例をみてみよう。ボーンマスのホス

ピタルラジオ・ベッドサイドでは、年間百万円強の運営費をボランティアの年会費（一人三千円程度で計十五万円程度）、学校で集められる団体への寄付（四十五万円程度）、そしてホスピタルラジオの広報誌収入（三十万円）という内訳で賄っている。ホスピタルラジオの広報誌は日本の地域クーポン誌のような仕組みで、内容は、ホスピタルラジオに携わる人々の経歴やコラムと番組紹介、患者たちが退院後に使う地元介護サービス、旅行代理店や地域商店の広告を掲載している。この広報誌は全国的に展開していて、ホスピタルラジオに関する原稿だけボランティアが執筆し、ボランティアが病棟やショッピングモールで冊子を配布することで資金を調達している。またホスピタルラジオの機材や技術を生かして、地域イベントの音響技術（ＰＡ）を請け負い、その収入を財源とすることも多い。一方、ロンドン郊外のラジオ・ブロックリーでは、比較的古い機材を使っていて、音楽使用料や光熱費、機器の修繕代程度しかかからないため、ボランティアの年会費とＴシャツやマグカップなどのグッズ売り上げ、そして寄付だけでやりくりしているという。このように運営のやり方も多様である。

聴取率はほとんど気にされていないが、各病院が採用している聴取システムの影響を大きく受けがちである。簡単にチャンネルを合わせて聞けるシステムがある病院では一〇パーセント以上を記録する局もあるが、アプリのダウンロードなど聴取に一手間かかるシステムを使う病院では、高齢者などのリスナーにとってアクセスしづらく、聴取率も決して高くはない。数人が聞いているだけということもありうる。

コロナ禍では、あらためてホスピタルラジオの活動意義に注目が集まった。いちばん重要な病室訪問とリクエスト収集は多くの局でできなくなったが、かわりにほとんどの局が自宅やリモートで放送できるよう早急にシステムを整え、誰とも会えない患者たちを元気づけようと番組を放送しつづけた。

それでは、スマホやタブレットが普及した現在、ホスピタルラジオの存在意義はどこにあるのだろうか。イギリスホスピタルラジオ協会（以下、協会）が二〇一六年におこなった全国調査(6)（回答率五〇パーセント）では、患者への定量的なアンケートはなかったが、ホスピタルラジオのスタッフに対するアンケート調査のほか、関係者八十九人へのインタビューからその意義について分析している。次節では、全国調査の結果と筆者の視察事例（六局）を中心に、イギリスの医療やメディアの説明を補いながら現状を概観してみたい。

2　ホスピタルラジオの効能

双方向のエンターテインメント

全国調査をみると、ホスピタルラジオが考える存在意義として最も多くの局が挙げたのが、患者にエンターテインメントを供給していること（九二パーセント、複数回答）だ。音楽は、血圧や心拍数、痛みを和らげるリラックス効果があるとされることもあり、回答した九九パーセントの局でリクエスト番組が編成されていて、その活動の中心にあることがわかる。また七六パーセントの局で

写真3　ホスピタルラジオ・ベッドサイドでの放送の様子（ボーンマス）（筆者撮影、2018年2月3日）

は、クイズやビンゴなど、患者たちが参加できるエンターテインメント番組を編成している。全国調査の回答では、こうしたホスピタルラジオによる娯楽の提供が、タブレットやスマホで音楽を聞いたり、映像を見たりするのとは異なっていることを強調している。それは、「双方向性」のためである。地上波のラジオで自分のリクエストやメッセージが読まれる確率は低いが、ホスピタルラジオでは一局あたりのリクエストは週平均五十通程度[7]で、ほとんどの場合、自分のリクエスト曲を流してくれる。ちなみに筆者が訪れたボーンマスのホスピタルラジオでは、放送可能な曲は寄付やCD購入で二万曲[8]になっていて、ボランティアたちは、年間一万（一日換算で三十曲弱）のリクエストを患者や家族から寄せてもらうことを目標に、毎日病床を回って患者たちに話しかけている。商業ラジオが局の方針に合ったターゲットを設定し、スポンサーが好む音楽しか流せないのに対し、ホスピタルラジオは制限なく、懐メロから最新曲まであらゆるリクエストに対応できるのが特徴だと関係者は口をそろえる。

病棟でリクエスト曲を募る

レッド・ドット・ラジオはエジンバラのホスピタルラジオである。ここでは、実際に病棟にリクエストをとりにいく活動に同行させてもらった。この局ではコロナ禍で家族が病棟に入れないときも、活動の重要性を考慮して、ボランティアがリクエストをとることを許されていた。写真撮影は

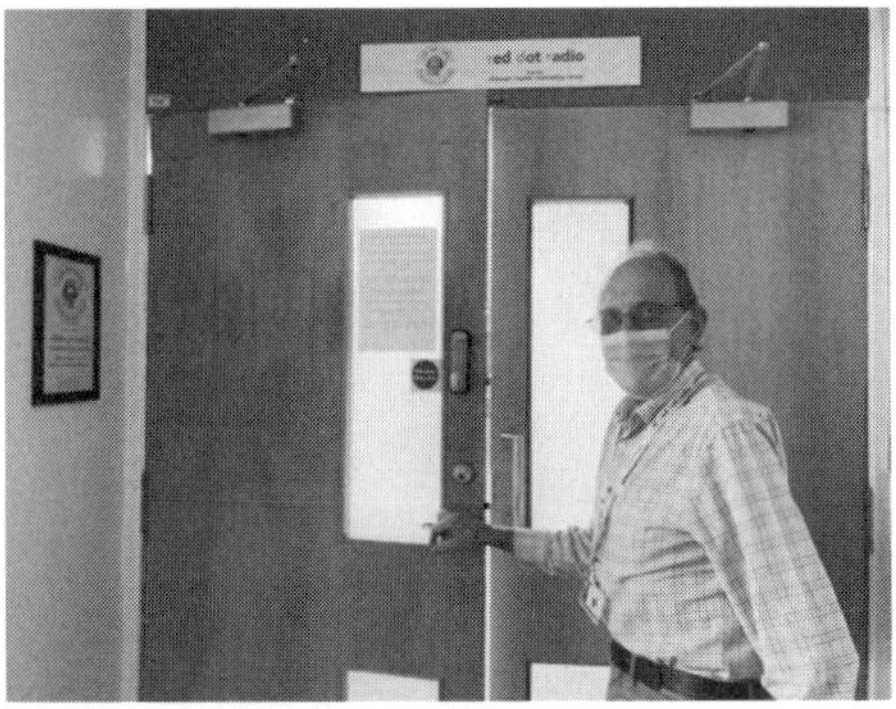

写真4　病室に向かうレッド・ドット・ラジオのボランティア（筆者撮影、2022年9月23日）

写真5　レッド・ドット・ラジオのレコードのコレクション。どの曲にもCDやレコードを整理するボランティアがいる（筆者撮影、2022年9月23日）

許可されなかったが、文章で説明していこう。

ボランティアは、夕方の面会時間に病棟を訪れて患者たちから直接リクエストを募る。まずナースセンターに行って、看護師に挨拶をして訪れていい病室を確認する。ボランティアは、許可が下りた四人程度の病室に入ると、満面の笑みで「こんにちは！　レッド・ドット・ラジオ、ホスピタルラジオですよ。知ってますか？」と明るい声で患者たちに挨拶する。そして患者一人ひとりをしっかり見つめながら、「リクエストしませんか？」と尋ねる。軽く拒否する患者が全体の二〇パーセント程度。ほかの八〇パーセントの患者は話を聞こうかという態度になる。印象では、もともとホスピタルラジオを知っていると答えた患者がおよそ三〇パーセント程度といったところだろうか。以前にも入院したことがある患者のようだ。そういう人は以前にリクエスト曲が放送されたときの経験などを話し、そのまま曲をリクエストすることが多かった。ボランティアは患者からファーストネームとリクエスト曲、アーティスト、そして何かメッセージがないかを尋ね、就寝時刻と、曲をいつ流したらいいかについてメモをとる。患者がラジオの聞き方がわからない場合は丁寧に教え、ヘッドホンを設置してベッドをあとにする。第2章で述べたように、イギリスではベッドサイドメディアが一時期普及したが、その後も度重なる改修が続き、この病院でも病棟によって番組の聞き方が違うし、使用するヘッドホンも異なる。そのため、ボランティアは多様なスピーカーやヘッドホンを常にバッグに入れて病棟を訪れる。スマホをもっている若者にも、病院内 Wi-Fi の使い方を丁寧に教えるついでにネットでホスピタルラジオを聞く方法を教え、リクエストを募っていた。ちなみにこの若い男性患者がリクエストしたヒップホップは、歌詞にドラッグについての内容があったために放送できず、スタッフは悩みながら同じミュージシャンの別の曲を放送していた。放送する曲のルールは基本的にＢＢＣに準じているという。

参加型番組

写真6　ホスピタルラジオ・ブロックリーのボランティアたち。ロンドン郊外にあるため、単位取得の一環としてたくさんの学生ボランティアが参加し、プログラミングなどに貢献していた。なお左下のマグカップやペンはビンゴの賞品（筆者撮影、2018年2月8日）

ゲームやクイズなど双方向型のエンターテインメントは、退屈を感じがちな患者に刺激を与える。筆者が訪れたロンドン郊外のラジオ・ブロックリーでは、週末の夜におこなわれるビンゴが目玉企画だ。そろいの青いポロシャツを着た若いボランティアが各担当病棟に行き、患者にビンゴカードを配る。ボランティアらは病室で患者たちと一緒に放送を聞きながら逐次状況報告を入れ、早く上がった患者には、ホスピタルラジオのロゴが入ったマグカップやペンを賞品としてプレゼントする。ボランティアのチェックのもとで回収されたビンゴカードの裏には、その患者のファーストネームとリクエスト曲、メッセージが書き込まれ、次の時間帯のリクエスト番組で紹介される。

エジンバラでは、平日は毎日夜八時から十時にリクエスト番組を放送している。ほかの時間帯はBBC2が流れているが、そのチャンネルをこの時間帯だけ切り替えてホスピタルラジオの番組を生放送する。患者たちのリクエストは実に多様だ。アントニン・ドヴォルザークの『新世界』やフランク・シナトラ、そしてヒップホップまで、商業ラジオ局ではありえないバラエティーに富んだ曲目である。この局ではレコード盤で流した曲もあって、かなり古い曲という印象をもった。調べてみたらなんと、一九三五年のヒット曲だった。高齢者はめまぐるしく変わるメディアの変化についていけないから、新しい音楽はもちろん、懐かしの曲を聞くことさえ難しいだろう。患者たちは「きっとこんな古い曲ないよね」といいながらリクエストするという。だが、ほとんどのリクエストに応えることができるアーカイブがこの局の自慢だとボランティアは語っていた。

リクエストの合間にはクイズ大会もあり、メールやFacebook、電話で答えて正解した患者たちにはビスケット一箱を贈る。この局が生放送と双方向にこだわる理由を尋ねると、ボランティアは、「それこそがホスピタルラジオの醍醐味だし、何より、素人の自分たちの番組なんてただ流していても聞いてくれないよ。患者自身が参加できるから、リクエストに応えてくれるからこそ、患者たちが耳を傾けてくれるんだ」とにこやかに答えてくれた。

ホスピタルラジオは、単に聞くだけのラジオではない。ぼんやりとテレビや映画を眺めているのとは異なる、インタラクティブ性が特徴なのだ。

コミュニケーション機会の増加

全国調査でホスピタルラジオ局側が挙げる存在意義としてエンターテインメントの次に多かったのが、患者が他者や社会との関わりを高められる（八九パーセント、複数回答）ことである。病院はたくさんの人が行き交う空間だが、患者の知り合いはほとんどおらず、悩みや困りごとを表現しづらい場でもある。こうした社会的孤立状況は、患者の健康状態にもネガティブな影響を与えうる。とりわけ昨今の個室の増加は、イギリスでも孤立傾向を助長することにならないかと危惧されているらしい。

こうした状況下で、ホスピタルラジオのボランティアによる病棟訪問が患者に与える影響は大きい。ホスピタルラジオのスタッフは週平均九回、病棟を訪れてリクエストを募る[9]。ボランティアが笑顔で病棟に現れることが、患者たちの孤独を緩和し、不安解消にもつながるという。ボランティアやパーソナリティーは、リクエストのついでに曲に関する思い出話などを聞き取る。基本的に患者の病気のことは聞かないルールだが、患者自身が病気や不安についてボランティアに話しかけてくることも少なくない。見舞客が少ない患者や、病気を抱えて将来に不安を感じて誰かと話したいと感じている患者たちに、ホスピタルラジオのボランティアはリクエスト曲を尋ねることを口実に声をかけ、話を聞き、不安や孤独を和らげようと試みる。親族や友人ではない、まったくの他者であるボランティアだからこそ打ち明けられる本音もあるかもしれない。

ホスピタルラジオのボランティアがリクエストを募り、挨拶がてら話を聞くことが、同じ部屋の患者たちが曲をめぐる思い出について互いに話し始めるきっかけにもなり、ほかの患者との関係性の構築にも役立つこともあるという。実際、筆者が訪問した際も、初めは別々に行動していた患者たちが、ボランティアの訪問を機に、ラジオの聴取方法や病院の愚痴などを話し始めて会話が弾んでいた。さらに全国調査には、患者たちの体調がよくて乗り気であれば、病室のスピーカーからラジオ番組をそのまま流して、みんなで一緒に歌ったり、ときには踊ったりして楽しむ事例[10]も紹介してある。音楽を媒介に患者たちの不安を和らげ、気持ちを高揚させることで、ひいては医療面でもポジティブな影響を与えられるのではないかと調査では考察している。

ボランティアとの交流——患者の視点から

ホスピタルラジオ協会誌 *On Air* の第百号には、手術を受けて入院していた一人暮らしの女性が、病室でボランティアと遭遇したときの経験が掲載されていた。この事例は、筆者がボランティアに付き添って見せてもらった病室の様子と重なる。患者側の揺れ動く気持ちがよく表れている文章なので、そのまま紹介する。

寂しいのはもちろん、痛みや体調不良もあって、私は正直不安で気分が落ち込んでいた。面会時間になると、向かいのベッドにはたくさんの家族が見舞いに訪れていたが、私は気にしないふりをして雑誌に顔を埋めていた。すると、スマートな服装でアフターシェーブの爽やかな香りをまとった若い男性が、ボードを持って私のところにやってきた。

「ラジオスカーンの者ですが、今晩の番組にリクエストしたい曲はないですか？」。礼儀正しく尋ねてくれたのに、なんだか気が向かなくて、私は「興味ないです！」とキレてしまった。当然、すぐに去っていくと思ったのだが、彼は丁寧に、でもしつこく聞いてきた。「本当にいいんですか？　リクエストしてみません？　わー、すてきな花束だなあ」などと、彼は私が作った壁をたやすく打ち破って話を始め、息子のことなどを聞き、十代の孫をもつ年齢に見えないとまで言ってくれた。そしてベッドサイドのラジオをホスピタルラジオのチャンネルにチューニングし、いろんなリクエスト曲を提案してくれた。タイトルがわからない曲を私がハミングすると、その曲を見つけ出してもくれた。この一曲のために、十五分もおしゃべりをしてくれたのだ。夜の番組が始まるのが待ち遠しかった。

番組が始まって少しして、自分の名前とリクエスト曲が聞こえてきた。亡くなった夫が、息子が赤ちゃんのときに歌ってくれたことを懐かしく思い出した。その後、パーソナリティーは私の息子がくれたベッドサイドの花についても触れてくれて、そして次に「ストリーツ・オブ・ロンドン」という曲を私にプレゼントしてくれたのだ。どうしてこのパーソナリティーは、私がこの曲が大好きだとわかったのかしら？

曲が終わると気分がよくなって、鼻歌が自然に出た。番組終了後、息子に電話をして、ラジオのスターになったことを話した。次の晩は、誰もリクエスト集めにはこなかったけれど、青年が置いていった冊子を読み、別の曲をリクエストした。その晩はコメディーをやっていて、手術跡が痛くなるほど笑った。

私はいま、ホスピタルラジオのボランティアとして、リクエストを集める役割を引き受けている。病棟を回っていると、面白いことに、私と同じようにキレてくる患者がたくさんいる。私は、そういう人の近くになるべく長くいようと心がけている。(11)

患者の不安解消とつながりの維持

イギリスホスピタルラジオ協会の関係者八十九人へのインタビュー調査では、患者の不安解消という側面についてほかにも興味深い事例が紹介されている。プリマスのホスピタルラジオでは、土曜朝の番組を放送できなかった時期に、同時刻のナースコールの数が増えたという。その事実に気づいた看護師から、その時間に放送してくれないかとあらためて依頼されて番組を再開したところ、やはりナースコールの数が減って喜ばれたという。(12)患者は、退屈すると、痛みなどネガティブな症状に意識が集中し、ひいては医療関係者の仕事を増やしてしまう可能性が示されている例だ。

実際、ホスピタルラジオの魅力は、リスナーを患者に絞ってその不安を軽減することを目標に掲げている点にある。パーソナリティーたちは、日々、病棟を回りながら、患者たちが何を望み、何をいやがるかを熟知したうえで、状況に配慮しながら放送する。例えば患者たちにあまり時間を意識させないように時刻を頻繁に伝えることを避けたり、患者に早く退院して出かけたいと思ってもらえるように少し先の地域イベント情報を伝えたりと、各自が患者たちを思いやって情報の提供方法を工夫している。筆者がインタビューしたボーンマスのホスピタルラジオ局のパーソナリティーも、入院患者に高齢者が多い状況を踏まえ、昔の新聞を図書館でコピーし、以前、その時期に町で何があったかを伝えているという。彼は「聞いている患者はすぐ退院するから、記事は使い回しだけどね[13]」と笑いながら、退院できるかどうか、あるいはその先のことばかり心配しがちな患者にとって、昔のことを思い出し、懐かしむ時間が大事だろうと考えて始めたコーナーだと語ってくれた。全国調査によれば、三〇パーセントのホスピタルラジオが、自分の症状がわからないままに診察を待つ外来患者の不安を和らげることを目的に、待合室などでも放送が聞けるようにしている[14]。

患者たちが病院のなかだけに閉じ込められるのではなく、社会的な接点を持ち続けるために、七一パーセントのホスピタルラジオが全国ニュース、六七パーセントの局がローカルニュースを伝えている[15]。さらに、第2章で紹介したように、現在も各ホスピタルラジオの花形コンテンツとして、スポーツチームの試合中継や、地域イベント中継などがおこなわれ、患者たちがニュースや社会状況、エンターテインメントなどに触れることで退院や社会復帰を意識させ、退院後の社会生活がスムーズに営めるようにしている[16]。

ホスピタルラジオの効能——自分らしさの尊重

ところで、全国調査で興味深いのは、ホスピタルラジオの存在意義として患者の「自分らしさの尊重（Feeling like an individual）」が挙げられていることである。これは、日本ではあまり課題として認識されていないかもしれない。入院すると、病院の外ではおしゃれをしたりプライドをもって人生を生きたりしてきた人も病院内では同じ寝間着を着せられ、患者として一律に扱われがちだ。そこでホスピタルラジオでは、入院中も自分らしさを応援し、一人の人間として応対されていると感じられるよう工夫を凝らしている。例えば、リクエストの際にラジオで名前やメッセージが読まれることは、患者に自分が尊重されているという意識をもたらす。さらにボランティアたちは、リクエストを尋ねて回ることや病院内のスタジオ訪問を歓迎することで応援する自分たちの存在を示し、しばらくの間、生活空間として過ごす病院に親しみを感じてもらおうと試みている。

一律に「患者」として対応するのではなく、その人個人を理解しようという動きは、世界の医療の領域で少しずつ広がりを見せている。もちろん、現在、世界の医療教育や看護の現場で最も重視されているのは、検査に基づく科学的データの変化に注目するＥＢＭ（エビデンス・ベイスト・メディスン）だが、一方で、行き過ぎたデータ重視の状況に歯止めをかけようと、英米では、患者の語りに耳を傾ける重要性を指摘するナラティブ・ベイスト・メディスン（ＮＢＭ）も注目されてきた。ＮＢＭの特徴は、「患者の課題を個別化された細密な視点で捉えようとするところ[17]」にあるとされる。例えば、「認知症を患う七十五歳女性」という客観的情報だけで判断してしまうと、「被害妄想があり、徘徊するなどの問題行動がある」といった典型的な理解に陥る可能性があって、こうした表面的理解が支援の方向を歪めかねない[18]。そのとき有用なのが、患者の声、つまりナラティブに注目することである。医師で人類学者のアーサー・クラインマンは、従来の医療教育や官僚主義的な現代医療が抱える問題点として、単に技術的修理が必要な機械的障害として疾患を扱うばかりで、その文化的側面に目を向けてこなかったことがあるとする。同じ疾患があっても求める治療は各自異なり、患者個人が生きてきた人生の経験や好み、意見を聞いて治療を決定していくことが医療関係者に求められるというのがクラインマンの主張[19]であり、患者一人ひとりが体験する「病」とその思いや語りを尊重する医療を追求している。ホスピタルラジオの存在意義に「自分らしさの尊重」が挙げられているのも、患者が自分にふさわしい治療法や生を選択するならば、患者として画一的に扱われておとなしく病院の言いなりになるのではなく、病院のなかでも患者たちが自分らしくいられることが重要という考えに基づいているといえる。

全国調査は、ホスピタルラジオでは同じ地域で生活する多様な住民がパーソナリティーとして参加していることも、患者の多様な生を肯定し、ニーズを顕在化するうえで意味があると指摘している。音楽の好みや年齢、居住地域など、患者と何らかの同質性を有した住民パーソナリティーが応援メッセージを伝え、闘病をサポートすることは、病院内の「バーチャルな友人[20]」が寄り添ってくれるような感覚がもたらされるだろう。さらに、本職ではない地域の住民ではあっても、ラジオパーソナリティーがわざわざ病棟を訪れて話をしてくれる経験は、ほかのマスメディアでは経験しがたいことでもある。全国調査での患者と家族による以下の証言は、そんな患者たちの喜びを伝えている。

母は入院中、水曜日夜の番組で自分のリクエストが読まれたそうで、翌日、見舞いにいったときにとても喜んでそのことを話してくれました。二日後に残念ながら亡くなってしまいましたが、ホスピタルラジオのおかげで、母の最後の水曜日が喜びに満ちたものになってよかったと思っています。（患者家族[21]）

私のベッドの前の女性が「テニスが好きです」ってメッセージを書いて、曲をリクエストしたんです。そうしたら本当にラジオでその曲が流されたんですが、DJが「きっと彼女はいまごろテニスの番組を見聞きしてるだろうから、この番組なんて聞いてないかな」ってコメントしたんです。彼女はヘッドホンでそれを聞いて、くすくす笑ってました。名前を呼ばれたときも、どうせ聞いてないなんてからかわれたときも、とても幸せそうでした。彼女は（見舞客もいなくて）いつも一人でしたが、このときはホスピタルラジオの貢献を感じました。まさに、プライスレス、ですね。（患者リスナー[22]）

患者たちは見舞客が来ても、その人とは自分の病状や治療について語ることが多く、入院中、誰かと普段のような会話をすることはまれだという。一方、自分の好きな音楽や番組に寄せるメッセージについて考えることは、普段の自分らしさを維持し確認する作業になりうる。さらに調査では、ただ好きな曲をスマホやタブレットで聞くのとは異なり、リクエストは、自分の好きな曲をほかのリスナーやパーソナリティーに薦める行為にもなるから、これは一種の自己表現でもあると指摘している。あらゆる曲のなかから、患者たちは自分の楽しかった記憶と関連させたり、現在病院にいることを自虐ネタにしたりしてリクエスト曲を選んでいるので、投稿者の選曲理由や気持ちはわざわざ説明しなくても同様の状況にいる入院患者たちにはよく伝わるのだという[23]。実際、筆者がエジンバラで病棟を訪れたときにも、高齢の男性患者が、「ほかの患者が選んだ曲やメッセージからどんな人物かを想像しながら聞くのも楽しい」と語り、「ホスピタルラジオを聞くのは、自分だけでなく、ほかにも同じような患者が病院内にいると思えること、そして誰かが自分たちのためにいてくれるという安心感や連帯感があるからだ」と語ってくれた。

自分に向けてボランティアが呼びかけるメッセージ、そして、誰かほかの患者に薦めたくてリクエストする曲など、病院のなかで「自分らしさ」を意識したコミュニケーションをとることは、「〇〇病患者」「高齢者」などと一括りにされた扱いを受けないこと、かけがえのない一人の人間として尊重されることを求めることを意味しているのだ。

医療コミュニケーション

ホスピタルラジオは、NHSとは直接的な関係はないが、病院がさまざまな情報を提供したり運営委員会を設置したりと協力関係にある場合が多い。また多くの場合、病院からスタジオや光熱費が提供され、NHSでもホスピタルラジオを広い意味で協力パートナーとして位置づけている。また、五八パーセントの局が医療者へのインタビューを含む医療情報番組を放送し、約半分のホスピタルラジオ局がNHSからの情報を番組に反映させているという。[24]

全国調査では、医療関係者へのメッセージやリクエスト曲を通じたキャンペーンも紹介している。実際、筆者が訪れたどのホスピタルラジオでも、患者からリクエスト曲とともに医療関係者への感謝のメッセージがよく寄せられると聞いた。医師や看護師がその放送を直接聞けなくても、感謝のメッセージをほかの患者が聞くことで、病院、ひいては自分が受けている措置に安心感を得ることもあるだろう。

さらに全国調査では、ホスピタルラジオが病院スタッフと患者の会話を促進する事例も紹介している。医療関係者とりわけ看護従事者は、患者との会話が医療の効果を上げるうえで重要だと理解していても、多忙なために十分なコミュニケーションをとることができない。そんなとき、患者にリクエストカードを配り、回収する際に書いてある内容を参考にしてコミュニケーションを図って状況や気持ちを把握しているという。[25] また、協会のアンケートに回答した三分の二近いホスピタルラジオ局では病院スタッフからもリクエスト曲を受けているが、ときには特定の患者に向けた曲がリクエストされ、医療従事者と患者との間接的なコミュニケーション・メディアになっているケースもあるようだ。

こうした医療関係者と患者とのコミュニケーションの必要性は、イギリスではとりわけ二〇〇〇年代以降、強く意識されてきた。一九四八年に成立した国民保健サービス(NHS)は、「ゆりかごから墓場まで」を体現する仕組みとして国内外で高く評価されてきたが、その一方、診療までの待ち時間の長さなど、システムの弊害が取り沙汰されるようになっている。こうした背景のもと、保健省の政策でも「患者中心の医療」を掲げ、[26] 患者の属性の多様化、慢性疾患患者の増加、セルフケアやコミュニティでのケアへの依存度が高まりつつある現状を踏まえ、コミュニティ・患者・介護者のパートナーシップ、専門職間の連携、新しいテクノロジーの活用を特徴とする新たな医療ビジョンが提示されてきた。

英米圏で特筆されるのが、先にも述べた患者の語りへの注目である。患者中心の理念とともに、医療サービスの変化と変革を促進するための貴重なリソースとして、語り=ナラティブが重視されるようになった。クラインマンは、病の経験について患者や家族の語りに耳を傾けて理解しようとすることを医療教育の中心的な位置に据えるよう提唱している。医学を学ぶ学生はライフ・ストーリーや民俗誌といった方法を学び、患者の語りや表情、行為を読み取ることを通していま患者が置かれている状況を理解する技能が必要であると述べた[27]。また文学博士で医師でもあるリタ・シャロンも、医療関係者が相手の語りに身を任せる姿勢やスキル、語り手のリアリティーに寄り添い、現実をどう理解しているかを認識する能力の必要性を述べ、多様な、ときには自分とは相反する視点を許容する能力を育むために、患者が語る物語に耳を傾ける研修をおこなうことの重要性を挙げている[28]。

医療やケアの視点からナラティブの重要性を論じる宮坂道夫は、決定的な治療法がない慢性疾患や急な判断が必要な状況に対して、ケアする側だけが唯一の正解を有しているのかと問いかける。医療者、特に医師は適切な推論をおこなって唯一の正解にたどりつくことを教育され、その責任も常にある。しかし同時に、患者や家族の生き方や希望など、その後の生活機能や人生史の領域を考慮せずに決定を下すことはできない。エビデンスに基づく万人に有効な治療を第一義とする医学文献は生活機能や人生史について十分な知見を蓄積していないと指摘する[29]。その人がどのように生き、何を大事にしているのか。何が好きで何が嫌いなのか。この先の人生をどう生きていきたいのか。患者中心の医療で治療方針を決めていくためには、患者との対話が不可欠というわけだ。昨今、日本でも医療接遇という用語が注目を浴びて同様のビジョンが示されることもあるが、医療業界での対人マナーやコミュニケーション・スキルの問題に矮小化されている感が否めない。

二〇二〇年以降のコロナ禍拡大による医療の逼迫によって、外からの見舞客や医療関係者との対話を患者が制限される状況下で、ホスピタルラジオに再び注目が集まり、誰とも会えなくなった患者のケアの役割を一手に引き受けるようになった。各局は自宅などからZoomなどを介して二十四時間放送できるシステムを短期間のうちに構築して患者たちに向けて放送を続けたが、彼らが最も重要だと感じていた病棟訪問はできなくなった。[30] 多くの死者も出るなかで、看護師は彼らのために患者からリクエストを集めてホスピタルラジオに送り、パーソナリティーは患者のメッセージとリクエスト曲に思いを馳せ、司祭のメッセージなどを録音して放送したという。ボランティアたちもまた、あらためてホスピタルラジオの存在意義を嚙みしめ、患者の気持ちが落ち着き、明るくなる放送をいつも以上に心がけたという。[31]

互恵性――ボランティアにとってのメリット

全国調査によれば、運営ボランティアは年間数千円の会費を払って平均週三時間活動し、その約半数がパーソナリティーとして番組を担当している。ボランティアはほかに、病室にリクエストをとりにいく係、技術担当係などがある。第2章でも述べたように、その多くは、患者への癒やしを提供するという目的だけではなく、音楽や放送に関わりたいという動機で参加してくるのだという。

実際、ホスピタルラジオは、ラジオ業界への登竜門ともされてきた。BBCで名を馳せたDJがホスピタルラジオ出身というケースも少なくない。ホスピタルラジオのウェブサイトには、その局出身の有名なパーソナリティーの名前が誇らしげに掲示されているし、全国放送で一世を風靡したのち地元に帰って再びホスピタルラジオで活躍するパーソナリティーもいる。ホスピタルラジオは、第2章で述べたように、コミュニティラジオの認可が遅れたイギリスで、ラジオでしゃべってみたい、好きな曲を流したい、ミキサーなど技術関係の仕事をしてみたいという市民の表現欲求を合法的に満たす存在としても注目されてきた。

写真7　サウザンプトン・ホスピタルラジオで。ボランティアは機材をどのように組み立てて使っているかという技術的な点を中心に紹介してくれた（筆者撮影、2022年9月17日）

　音楽やラジオに魅力を感じて活動を始めたボランティアと、患者たちの支えになりたいと活動を始めたボランティアの数は、筆者のインタビュー調査の印象としては半々といったところだった。しかし、ラジオやＤＪに憧れて参加したボランティアであっても、自分たちの活動が患者に喜ばれる様子をみて、徐々に、闘病中の患者たちに思いを馳せて心理的に支えたいと願い、彼らに対して深い配慮ができるようになっていくという。そうでなければ自分がさほど関心をもたない古いリクエスト曲をかける仕事が楽しいはずがない、と全国調査でもコメントされている。

　ボランティアたちは、曲選びにも注意を払う。「天国への階段（Stairway to Heaven）」は、手術室に向かう患者が聞いて楽しいだろうか。ホスピス病棟から寄せられた、自分の人生を振り返る「My Way」のリクエストを、どんなメッセージとともに紹介すればいいのだろうか。[32] 日々逡巡しながら患者のことを考えて放送している。自分の一言でちょっと笑ってくれたり、つらい夜を乗り越えられたりすると考えることが、自分にとってうれしいのだとボランティアたちは筆者のインタビューでも口々に語っていた。協会誌 *On Air* 第百号には、以下のようにボランティアの経験が書いてある。

正直、ときどき、スタジオにいても「誰も聞いてないんじゃないか？」と思うことがあります。でも電話が鳴ったり、リクエストをとりにいっていたボランティアがお礼の手紙やカードを持って帰ってきたりするとき、ちゃんと聞いていてくれるんだと実感します。そしてそんなとき、患者さんのことを思って念入りに準備をしていてよかった、と思うんです。[33]

実際、どのホスピタルラジオ局にも、お礼のカードや手紙が誇らしげに貼られている。筆者がインタビューしたボランティアのなかには、自分宛てにきたメッセージを分厚いファイルにまとめて保管している人もいた。

3　病院と地域をつなげるラジオ——ウィンチェスター・ラジオの挑戦

さて、ホスピタルラジオ協会によると、第2節で説明したようなエンターテインメントの提供、コミュニケーション機会の増加などの効能を金額に換算すると、患者一人あたり四百ポンドの価値があるという。その真偽はともかく、すべてボランティアで運営されるラジオが、医療のプロフェッショナルだけでは十分に対応できない患者の心理的ケアの側面を補うということには十分な価値があるだろう。

ホスピタルラジオは、一九五〇年代以降、時代に対応した放送技術の問題やスタジオ立地をめぐる課題、受信側のデバイスの変化や病院のシステム導入方針などに翻弄されながら、ボランティアによる資金調達で運営されてきた。しかしスマホやインターネットの圧倒的な影響力を無視できなくなった現在、再び各地で新たな変容が模索されている。

ウィンチェスター・ラジオは、二〇〇六年にイギリスで制度化されたコミュニティラジオへの移行を最も早く進めたホスピタルラジオである。イギリスのコミュニティラジオとは、地理的コミュニティ、あるいは共通の関心や特性をもつコミュニティによって運営される非営利・非商業放送のことだ。差別や社会的排除の解消やエンパワメント、雇用創出などの「社会的利益」をもたらすことを条件とした放送制度で、松浦さと子の調査（二〇〇九—一〇年）では、若者、女性、移民、宗教などさまざまな属性と特徴に基づくグループが、地域社会やコミュニティの問題にアプローチする多様な番組を放送している。(34) 主な財源は、イギリスの放送・通信の規制監督機関 Ofcom(35) の審査を経て拠出される「コミュニティラジオ基金」や公共宝くじなどの公的財源を申請できるほか、広告収入など複数の財源を混合して運営できる。

コミュニティラジオの制度ができた二〇〇四年には、わざわざ放送免許を取らなくても、すでにインターネットで映像や音声を配信することができた。だが、二四年二月現在も全国で三百十二局が放送を続けている。(36) 市町村レベルのコミュニティやグループに対して社会貢献的価値をもつ放送を目的にしているが、こうした理念は医療やケアを目的に掲げて地域へと情報発信を拡張したいホスピタルラジオの方針とも重なる。ウィンチェスター・ラジオは、中小規模の慈善活動のために新しく設置された慈善事業組織(37) (Charitable incorporated organisation) として、イギリス南東部ハンプシャー州に位置する人口四万五千人のウィンチェスターでコミュニティラジオの免許を獲得した。一九年三月に開局したウィンチェスター・ラジオの聴取対象は五十代以上の住民としていて、市内全域で聞くことができる。音楽中心の地元近隣商業ラジオ局に比べてトーク番組が中心の番組構成になっている。番組の内容は、ホスピタルラジオの理念を拡張し、①王立ハンプシャー州病院が提供するNHSサービス地域でケアを受けている病人や高齢者らに対して安心を与える放送、②地域に暮らす人々全般に健康関連のメッセージを提供することによる健康の増進、病気の予防または緩和を目的としている。とはいえ、単に医療サービスだけに焦点を当てているのではない。地域内の人々の社会的孤立を低減するためにはニュースやエンターテインメントも必要という認識から、地域の政治から町の娯楽まで広く報じている。もちろん、コミュニティラジオになっても病院はスタジオを提供し、リクエストをとりに病棟を巡り、また患者たちはベッドサイドのエンターテインメントシステムや病院のWi-Fi、アプリなどからもこれまでどおり番組を聞くことができる。

インタビュー当時はコロナ禍の状況のためにまだ十分に展開できていなかったが、病院からの発信を核にしたリクエスト番組を中心に、地域情報とりわけ医療福祉に焦点を当てて五十代以上に特化して番組作りをしていきたいという。実際、コロナ禍が明けるや否や積極的に地域に出かけてイベント取材を重ねるスタッフも多く、サウザンプトン・ホスピタルラジオの黄金期を思わせる内容になっている。

4　イギリスホスピタルラジオのこれから

ウィンチェスター・ラジオ開設後に、ニューカッスルやハロゲート(38)などのホスピタルラジオも免許を申請して病院発のコミュニティラジオとして再出発した。こうした方向性が定着するかと思われたところ、ラジオのデジタル化を進めるOfcomはアナログのFM波を用いるコミュニティラジオの免許申請を停止して、今後は、市町村レベルの小規模ＤＡＢ放送（Small-scale Digital Audio Broadcasting）に切り替える方針を明らかにした。現在、イギリスでは世界に先駆けてラジオのデジタル化が進んでいて、ＢＢＣをはじめとする商業ラジオなどもデジタル・プラットフォーム上で聞けるようになっている[39]。デジタルラジオの未来は世界的にはまだ不透明だが、ハード・ソフト分離原則を掲げる同国では、今後はホスピタルラジオも、マルチプレックス業者のサービスを用いて病院内のシステムや技術的な変化に左右されずにより容易に放送を地域へと拡張できるようになったといえる。実際、ニューカッスルのラジオ・タインサイドは、コミュニティラジオ化を経て、ほかの地域ラジオ二局とともに小規模ＤＡＢ放送からも放送を開始している[40]。病院のなかだけではなく、外とつながることがどういう変化をもたらすのかはまだわからない。

二〇一八年に、孤独[41]を頻繁に感じることが心臓病や脳卒中、うつ病や認知機能の低下、ひいては他者や社会に対して不安を招く危険性[42]があるとして、イギリスで孤独問題担当大臣が任命されたことが話題になった。一九五〇年代、初期のホスピタルラジオのボランティアたちは、病院にいることで社会や家族とのつながりを断たれた孤独な入院患者に対して、スポーツ中継や音楽を通して癒やしを提供しようとした。逆にいえば、病院の外には、人々をつなぎとめるコミュニティが存在していたといえる。しかし現在、人とのつながりを断たれているのは入院患者だけではない。パブや教会離れが進むイギリスで、伝統的家族の変容、企業形態の変化、さらにはコロナ禍によって、従来のコミュニケーション形態は大きく変化し、ロバート・Ｄ・パットナムが『孤独なボウリング[43]』で指摘したような、人々のつながりや社会関係資本の減少はどこでも起こっている。さらに、イギリス人の三〇パーセントは自分が孤独を感じていると告白することは難しいと感じていて[44]、支援に結び付きにくいことも指摘される。

このように、孤独をめぐる心理的ケアを必要としているのは患者だけではない。イギリスにはホスピタルラジオに限らず、キリスト教のチャリティー思想のもと、いまもなおたくさんの慈善団体があり、また企業もこうした慈善団体を積極的にサポートしている。ホスピタルラジオは、今後、地域コミュニティのラジオとして、人々の孤独を癒やすメディアとしての役割が期待されるようになるのかもしれない。

注

（1）「Hospital Broadcasting Association」（https://www.hbauk.com）［二〇二四年二月十六日アクセス］

（2）"Whatever happened to hospital radio?," *BBC NEWS*, Sep. 3, 2012 (https://www.bbc.com/news/magazine-19270013)［二〇二四年二月十六日アクセス］

（3）HBAウェブサイト「Member Stations」（https://www.hbauk.com/member-stations）に基づく筆者による調査。

（4）イギリスにはチャリティー・コミッションと呼ばれる機関があり、「慈善活動（charity）を目的とし」かつ「公益増進」に寄与する団体は登録慈善団体として認定・登録され、税制面での支援措置などを受けることができる。従来の貧困、教育、宗教だけでなく、二〇〇六年の新チャリティー法では健康増進や文化、スポーツ、人権や環境、動物愛護なども公益増進としてチャリティー目的に含められるようになった。石村耕治「イギリスのチャリティーと非営利団体制度改革に伴う法制の変容——2011年チャリティ法制の分析を中心に」「白鷗法学」第二十一巻第二号、白鷗大学法学部、二〇

一五年

（5）HBA Trustees' Annual Report and Accounts 2021「Hospital Broadcasting Association ２０２１年度事業・会計報告」二〇二一年（https://www.hbauk.com/system/files/Annual%20Report%20%26%20Accounts%202021.pdf）［二〇二二年七月十一日アクセス。現在はリンク切れ］。ホスピタルラジオ協会の運営資金は会員局の会費で賄われている。

（6）Jenny Thomas and Steve Coles, *Hospital Broadcasting: An impact study*, Hospital Broadcasting Association, 2016（https://www.hbauk.com/system/files/HBA-Impact-Report.pdf）［二〇二四年二月十六日アクセス］。ホスピタルラジオ局二百九局（当時）へのアンケート（百十一局から回答、回収率五三パーセント）、ボランティア、NHS関係者、患者など八十九人への深層面接法、また六十人の患者と家族からのフィードバックに基づく分析をまとめている。

（7）*Ibid.*, p. 23.

（8）著作権協会の慈善団体用価格（年間十五万円程度）ですべての曲が放送可能になっている。

（9）Thomas and Coles, *op.cit.*, p. 14.

（10）*Ibid.*, p. 13. Radio Addenbrooke's の事例。

（11）"The View from the Bed," *On Air*, 100, Sep./Oct., 2004, p. 11.

（12）*Ibid.*, p. 18. プリマス・ホスピタルラジオの事例。

（13）ホスピタルラジオ・ベッドサイドでの筆者インタビュー（二〇一八年二月三日）。

（14）Thomas and Coles, *op.cit.*, p. 17.

（15）*Ibid.*, p. 20. 地域の新聞社などからニュース提供を受ける場合と、定時に地域放送局のニュースをそのまま放送する場合などがある。

（16）*Ibid.*, p. 20.
（17）宮坂道夫「対話と承認のケア――ナラティヴがケアになるとき」「日本精神保健看護学会誌」第三十巻第二号、日本精神保健看護学会、二〇二一年
（18）荒井浩道『ナラティヴ・ソーシャルワーク――〝〈支援〉しない支援〟の方法』新泉社、二〇一四年、九ページ
（19）アーサー・クラインマン『病いの語り――慢性の病いをめぐる臨床人類学』江口重幸／上野豪志／五木田紳訳、誠信書房、一九九六年
（20）Thomas and Coles, *op.cit.*, p. 15.
（21）*Ibid.*, p. 12.
（22）*Ibid.*, p. 24. 患者へのインタビュー。
（23）*Ibid.*, pp. 24-25.
（24）*Ibid.*, p. 26.
（25）*Ibid.*, p. 15. 病棟看護師へのインタビュー。
（26）イギリスの保健省では、*Creating a Patient-led NHS: Delivering the NHS Improvement Plan*, Department of Health, 2005で患者のニーズによって決定されるケアを委託する意図を示し〝*Now I feel tall: What a Patient-led NHS Feels Like*,〟Department of Health, 2005では、患者が感じた経験を重んじることの重要性と、医療サービス変革での患者の役割を強化している。また、〝Our Health, Our Care, Our Say,〟Department of Health, 2006では、医療サービスの未来をかたちづくるために患者の意見を取り入れる必要性を論じている。
（27）前掲『病いの語り』三三六―三三七ページ

（28）リタ・シャロン『ナラティブ・メディスン——物語能力が医療を変える』斎藤清二／岸本寛史／宮田靖志／山本和利訳、医学書院、二〇一一年

（29）宮坂道夫『対話と承認のケア——ナラティヴが生み出す世界』医学書院、二〇二〇年

（30）Alice Cullinane, “Covid rules leave hospital radio feeling isolated,” *BBC News*, June 9, 2022 (https://www.bbc.com/news/uk-england-coventry-warwickshire-61325207)［二〇二二年六月十一日アクセス］

（31）Alex Marshall, “The Tiny Radio Stations That Lift Spirits in Hospitals,” *The New York Times*, May 13, 2020 (https://www.nytimes.com/2020/05/13/arts/music/coronavirus-hospital-radio.html)［二〇二二年六月十一日アクセス］

（32）エジンバラのホスピタルラジオでは、そうした際、入院患者からのリクエストであれば放送し、他者からのリクエスト、あるいはＤＪの好みでは放送しないことにしているという（二〇二二年九月二十二日、ボランティアへのインタビュー）。

（33）ラジオ・メイデイのボランティアによる記事。Roy Topp, “Feeling Good,” *On Air*, 100, Sep./Oct., 2004, p. 9.

（34）前掲『英国コミュニティメディアの現在』

（35）Ofcom（イギリス通信庁）とは、放送免許の発行と周波数管理から放送規範の設定、研究や苦情への対応などをおこなう、政府から独立した規制監督機関である。イギリスをはじめアメリカやほかの先進国では政府から独立した規制監督機関を有していて、日本でもＧＨＱ（連合国軍総司令部）によって同様の機関が成立していたものの、占領からの独立と同時に廃止されている。

（36）“Community Radio Stations,” Ofcom (http://static.ofcom.org.uk/static/radiolicensing/html/radiostations/community/community-main.htm)［二〇二四年二月十六日アクセス］

（37）慈善事業法人には、一般会員やボランティア、運営チームメンバーや評議員などとして、地元住民が関わっている。日本のNPO（民間非営利団体）と同様、中心的なスタッフは給料が得られるが高額な給料を得られない仕組みで、評議員とその近親者に給料はなく、ホスピタルラジオと同様のボランティアの業態のまま、過度な商業的視座に惑わされることがない運営が可能だという。現在は介護人材募集を目的とした福祉施設が広告主だが、今後は広告も積極的に導入する予定だという。

（38）Graham Chalmers, "Chance to be a DJ as Harrogate Hospital Radio gets set to open its doors to the public," *Harrogate Advertiser*, Sep. 23, 2021 (https://www.harrogateadvertiser.co.uk/news/people/chance-to-be-a-dj-as-harrogate-hospital-radio-gets-set-to-open-its-doors-to-the-public-3394161)［二〇二四年二月十六日アクセス］

（39）デジタルラジオがない日本では想像しにくいが、イギリスでは電波を受信するラジオデバイスにradikoやリスラジ（ListenRadio）のようなプラットフォーム（マルチプレックス）がインストールされていて、そこから好みのチャンネルを選んで聞くことができる。

（40）Radio Today UK, "Small-scale DAB multiplex launches in Newcastle and Gateshead," *Radio Today*, July 18, 2022 (https://radiotoday.co.uk/2022/07/small-scale-dab-multiplex-launches-in-newcastle-and-gateshead/)［二〇二四年二月十六日アクセス］

（41）イギリス政府は、孤独とは「交友関係の欠如、喪失という喜ばしくない主観的感情」と定義していて、自分が求める社会的関係性の量と質が現状に見合っていないことから起きるとしている。UK Government, *A connected Society: A strategy for tackling loneliness-laying the foundations for change*, Department for Digital, Culture, Media and Sport, 2018, p. 18.

（42）*Ibid.*, p. 6.

（43）ロバート・D・パットナム『孤独なボウリング――米国コミュニティの崩壊と再生』柴内康文訳、柏書房、二〇〇六年

（44）UK Government, *op.cit.*, p. 20.

第4章　病院ラジオを立ち上げる——藤田医科大学「フジタイム」を例に

1　院内ラジオ「フジタイム」の誕生

「フジタイム」の概要

二〇一九年十二月十八日、名古屋市の南東、愛知県豊明市にある藤田医科大学病院で、院内ラジオ「フジタイム」が始まった。「フジタイム」は、企画広報室を中心に、院内の職員や学生ボランティアがパーソナリティーなどほとんどの業務を担当して制作する一時間前後の患者向け音声番組コンテンツである。テーマ曲に合わせてパーソナリティーたちが時候に関するあれこれをゆったり語り合うオープニングトーク、最先端の医療情報や病院の取り組みを大学教員や医師のインタビューで伝える「医療フロンティア」、これまで病院で開催されてきた院内コンサートを再生する「イベントホール」、病院の朗読ボランティアによる「いこいの本棚」といったコーナーで構成され、月に一回の収録、月二回のペースで更新される。当初は院内Wi-Fiだけで聞ける番組としてストリーミングで配信していたが、三年目の二一年十二月を境に、YouTubeに「院内ラジオ フジタイム」のチャンネルが立ち上がり、これまでのすべての放送をどこでも手軽に聞くことができるようになった。患者たちは、入院時に受け取るチラシに掲載されたQRコードを、自分のスマホや病棟でレンタルできるタブレットで読み取って自由な時間に音声番組として聴取できる。

一九六八年創設の藤田医科大学は、大学院、医療、福祉系の多様な職種の人材育成を目指す私立大学で、学生数は大学院を合わせて約三千人。また、単一施設としては日本最大の病床数（千三百七十六床）で、高度救命救急センター、基幹災害拠点病院などに指定された藤田医科大学病院を含む四病院がある。「フジタイム」を制作している藤田医科大学病院は、先進医療への取り組みや外国人患者の受け入れなどにも積極的に参入していて、手術支援ロボットの領域では国内最先端を誇る。

中部日本放送論説委員（当時）の後藤克幸が担当するラジオ番組で筆者がホスピタルラジオを紹介したことから、後藤が日本でも根づかせられないかと、藤田医科大学病院を運営する藤田学園の星長清隆理事長に開局を打診した。星長は、「日本にいままでにない新しい医療文化として興味深い。病院の看護部に提案したら、きっと「やってみたい」と前向きに考えてくれるだろう」と快諾して検討が始まった。二〇一九年七月、院内にワーキング・グループが立ち上げられ、その後、企画広報室が事務局になり、スケジュール調整、検討課題の整理、情報共有などを精力的にリードする一方、後藤がプロデューサー的役割を担い、設備や番組制作では、中部日本放送傘下のCBCクリエイションの支援を受けて、ポータブルタイプのミキサーとマイクを設置し、音声データを院内Wi-Fiに流すためのサーバーを設置した。スタッフと定期的に番組内容や指針について議論するなかで、ラジオの愛称は「フジタイム」に決まり、「藤田医科大学病院ホスピタルラジオ綱領」が次のように定められた。

①藤田医科大学病院の患者と家族に寄り添い、個人の価値観を尊重する番組を放送する。
②藤田医科大学病院の患者と家族の心の癒しとなる番組を放送する。
③藤田医科大学病院の患者と家族および医療者の間の相互理解、信頼構築、建設的情報共有を深める番組を放送する。(1)

後述するように、配信メディアが変更になったりスタッフが交代したりするなかで、こうした綱領が設定されていたことは意義深い。

当初、番組のパーソナリティーは、看護部のベテランである鈴木朝子、玉井健雄、広報部の三浦美紀が担当し、指導を受けながら企画・スクリプトを作成して発声練習とリハーサルを重ねて初回収録に挑んだ。収録ディレクターは、病院側の取りまとめ役である企画広報室の辻祐介が担当した。

開局の際には記者発表会が開かれ、当時の湯澤由紀夫病院長（現・藤田医科大学学長）が、今後は、藤田医科大学の学生もスタッフに参加予定であること、将来的には、地域住民にも参加を呼びかけることなどを伝え、幅広い年齢層に愛されるホスピタルラジオ局を目指すと発表した。当日のプレスリリース資料では、「フジタイム」開局の背景について以下のように説明している。

千四百三十五床という日本一の病床数を有する当院には、さまざまな患者さんが入院しています。病気と向き合う中で、誰もが多かれ少なかれ、不安やストレスを抱えています。ホスピタルラジオの開設は、不安や本音をラジオに投稿してもらうことで共感の輪が広がり、投稿者とリスナー双方が前向きな気持ちで治療に臨めるようになってもらいたい、という意図でスタートしました。聴くと癒される、気晴らしになる、力が湧いてくる、そんな番組作りを目標にしています。(2)

本章では、この「フジタイム」に中心的に関わってきた企画広報室の人々やボランティアスタッフ計八人への半構造化インタビュー(二十四分から四十分、平均二十七分)と、院内ラジオワーキンググループでの筆者の参与観察、そしてNHK総合テレビの番組『病院ラジオがきこえる』(二〇二二年一月十四日午後七時三十—五十七分)、「フジタイム」の番組、患者からのメッセージなどを素材に、日本初の院内ラジオの概要と課題、可能性について述べていくことにしたい。(3)

初期の課題

開局当初の困難は二点に集約された。まず、伝送方式だ。「ラジオ」といっても、巨大な鉄筋コンクリートの構造物だから病棟ではミニFMの微弱電波は機能しないし、静音が求められる医療現場や安静を要する患者の病室には、デパートや学校で使われる全館放送のような強制的な方式もなじまない。病床に備え付けられたテレビの一チャンネルをラジオとして放送する案も検討されたが、イギリス同様、病棟ごとにテレビの配信様式が異なるために難しかった。結果、開設当初は、病院内に張り巡らされたWi-Fiを用い、スマホやタブレットで直接サーバーに誘導し、そこからストリーミング配信する様式を採用した。

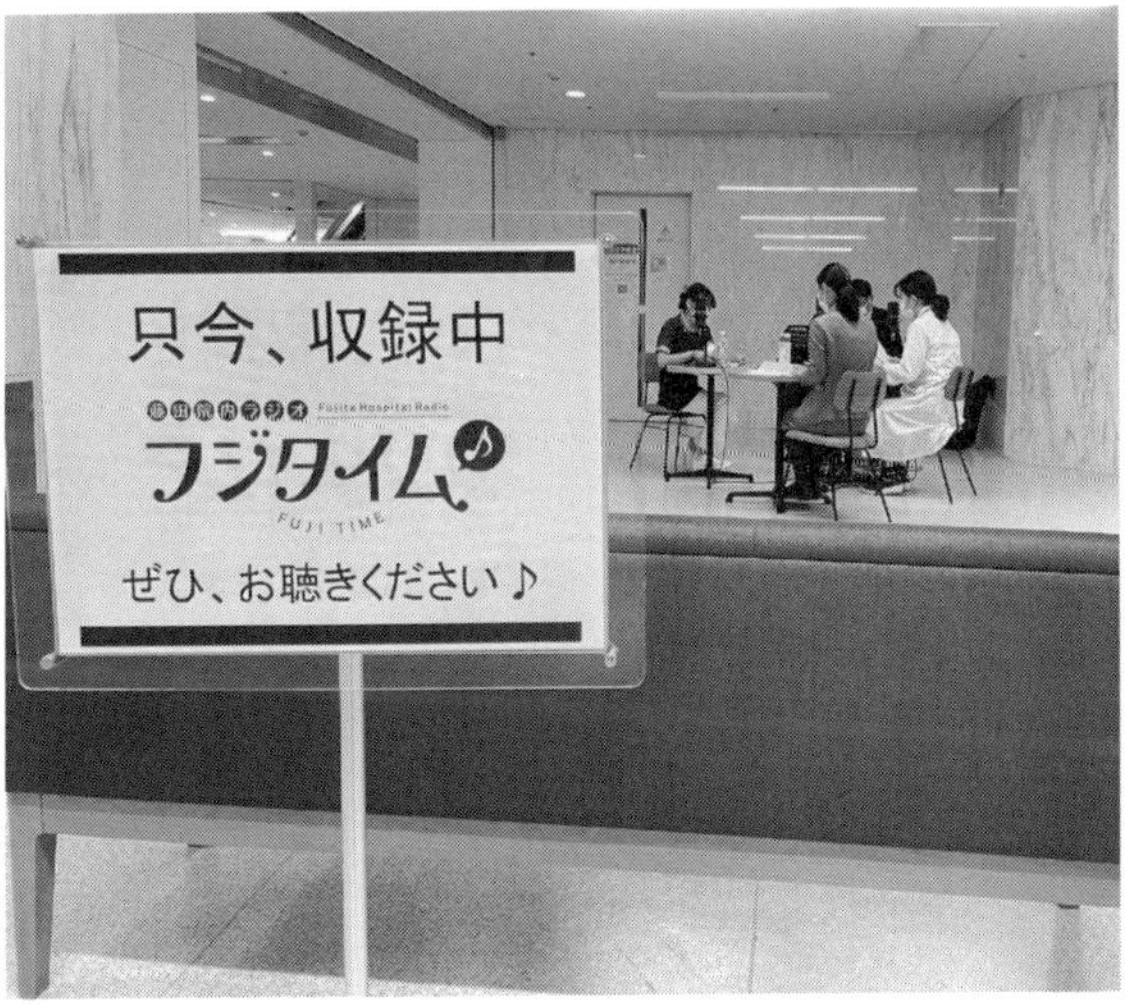

写真8「フジタイム」収録風景（藤田医科大学病院提供、2023年4月5日）

　当初、この「院内ラジオ」がどのような操作をすれば聞けるのか、いったいどのようなものなのかが、リスナーである患者たち、特に高齢の患者にはわかりづらかった。この原稿を書いている二〇二三年にはQRコードが高齢者にも普及しつつあるが、一九年の段階では詐欺サイトへの誘導などを恐れ、番組にアクセスするのを躊躇する人が多かった。この方式が理解されづらいことはわかっていたが、YouTubeやポッドキャストなど多くの人が使い慣れたアプリを用いなかったのは、番組自体をどのように展開することになるのか当初は見通しが立たず、番組内での患者のプライバシーの扱われ方など、病院からの情報漏洩などがないようにきわめて慎重に対応したからだった。院内ラジオの導入にあたっては、大きなトラブルが起きてせっかく立ち上げたラジオを中止することがないよう、まずはプライバシーや権利侵害を起こさないために、システムだけでなく番組の様式や広報の仕方など慎重に検討して立ち上げ、様子を見ながら順次拡大・変更していく方策がとられてきた。可能なことを可能なレベルで始めて、そこから徐々に理想的なやり方へと展開していく戦略である。だからといって番組内容がトップダウンで決められるわけではなく、ミーティングではさまざまな立場から多様なアイデアや意見が活発に交わされ、現状では困難な改革や事案であっても、とりあえずいったん保留にしながら実現できる時期を探り、可能な時期がきたら実行に移す方針で進められてきた。院内Wi-FiからYouTubeへの移行も、まさにこの手順でおこなわれた。

現在も、患者側の認知の低さについては困難を抱えている。広報は、ポスターのほか入院患者にはチラシを配るなどしているが、大量の書類に紛れてしまい見てもらえなかった。しかしその後、会議を重ねるごとに、語りかけの方法や、患者へのチラシやYouTubeのサムネイルなどについても関心を引くものへと改善を施していった。また、人目につく場所での公開録音や現場でのアンケートなども始まっている。

もう一つの課題は音楽の権利処理である。日本の放送では、基本的には日本音楽著作権協会（JASRAC）との間で、放送局側が放送事業収入などをもとに算出された一定額を包括的利用許諾契約として支払うことになっている。YouTubeを介する前は、院内でしか聞けないラジオに対してどのような手続きが必要なのかを一から探る必要があった。結果として、当初、院内だけで聞ける非営利ラジオということで著作権は少額支払いと判断されたが、音楽の演奏者などで構成される実演家著作隣接権センターからは明確な判断が下されなかった。そのため、現状では、院内で定期的におこなわれ、再送信の許可が得られた院内コンサートの録音を「イベントホール」というコーナーで流し、著作権料だけＪＡＳＲＡＣに支払っている。

ラジオと聞けば、音楽のリクエスト番組を期待する人は多いだろう。このように書くときわめて不利な条件に思えるが、スタッフ・ミーティングでは、著作権料を負担せずにすむようにリクエスト曲を演奏できるバンドや個人を学内・院内から募ってはどうかという案も出されている。主治医がバイオリンの名手であったり、リハビリを担当する作業療法士がバンドでリクエスト曲を演奏したりできれば、院内ラジオにケアの側面がより生かされるだろう。実際にも、現在、関係者による演奏が始まりつつある。患者のリクエスト曲が病院関係者によって演奏される日も近いかもしれない。

2　「フジタイム」の三年間

ボランティアスタッフの背景

現在は、看護師、薬剤師や事務職員、藤田医科大学の学生など二十人前後がボランティアスタッフとして関わっている。基本的にボランティアは、オープニングやエンディング・トークの企画と患者からのメッセージのコーナーを含めた大枠の構成を考える企画係と、スクリプトをもとにトークを繰り広げるパーソナリティー係がいて、双方を兼ねる場合も多い。録音・編集とYouTubeへのアップロードなどの技術面の業務は現在は企画広報室と関係者がおこなっているが、今後は学生ボランティアに移行していく予定である。

録音は、就業時間が終わってから病院内の会議室に集まっておこなってきたが、二〇二三年からは公開スペースでおこなっている。企画広報室スタッフが音量調整などをするミキサー役になり、企画係がスクリプトを準備して、パーソナリティーたちの録音をおこなう。就労後にワイワイ言いながらおこなう収録を、「さながら部活動」と表現するスタッフも多い。

スタッフがこの活動にボランティアとして関わろうと思った経緯をインタビューから分析したところ、主に二つの意図がみえてきた。

一つ目は、患者たちの助けになりたいという希望である。例えば看護師の鈴木朝子は、イギリスのホスピタルラジオの話を聞いて、普段は多忙で十分にケアしきれない患者たちの心情に寄り添い、病気と闘う孤独な入院生活にとってささやかでも癒やしや楽しみになればという期待から参加した。仕事上の経験だけでなく、自分自身が家族の入院にあたって抱いた感情からも関心をもったという。また事務職員の井出真理子も、家族や友人の入院経験を振り返り、普段の仕事では直接患者と関わることが少ないため、病院という不安な場所で患者たちを支える経験をしたかったと述べる。また研究補助員の鵜飼裕子は、闘病中の母親とサンドウィッチマンの『病院ラジオ』を見た経験や介護・看護の経験を思い出し、同様の活動をすると聞いてぜひ関わりたいと思って参加したという。

第二に、イギリスのホスピタルラジオと同様、ラジオへの関心、あるいは純粋にメディアで自己表現をしたいという期待から参加した人たちも少なくない。こういった動機で参加したボランティアには、放送をめぐる個人的な体験が存在している。パーソナリティーを務めたある男性研修医は、『オールナイトニッポン』（ニッポン放送）などのラジオを聴いた経験やリスナーとしてメッセージを読まれた記憶から、自分もぜひ放送に携わってみたかったという。また、院内ラジオを制作すると聞いて学校放送を思い描いた職員や学生も多い。薬剤師の高尾友美も、小学生のとき放送委員会になって自由に音楽を流した経験から、好きな音楽を放送したいと考えて参加した。

患者の支えになりたい、あるいはラジオに関わってみたいという志望理由は、どちらか一方だけというよりも重なり合っている。また学生スタッフでは、コロナ禍で人間関係が制限される状況で、何か新しいことに挑戦したかったという理由も少なくなかった。他者のために何かをしたいという欲求を、自分が関心をもつ活動で満たせるというのが最大公約数的な参加理由になるだろう。コロナ禍では、ボランティアにとっても他者とのコミュニケーションが必要とされていたようだ。

見えない患者に寄り添うために

話題の選定をめぐる逡巡

二〇一九年十二月に開始された「フジタイム」は開始後間もなくコロナ禍に見舞われ、ウイルスに関してどういう情報をいかに伝えるかという課題に直面した。収録でもソーシャル・ディスタンスが必要とされるなかで、企画広報室の中井英貴（当時）がこういう時期にこそラジオが必要と主張し、継続が決定した。しかし具体的にはどのような情報を伝えることが安心につながるのかは明らかでなく、当初はコロナという用語だけで余計に不安をあおるのではないかという配慮から、手洗いやうがいのアナウンスにとどめていたという。しかし学園側が、日本のコロナ禍の震源地になったダイヤモンド・プリンセス号の無症状病原体保持者と濃厚接触者を開院前の岡崎医療センターに受け入れる決断をしたこともあり[4]、番組内で病院長が経緯や状況を丁寧に説明することになった。パーソナリティーは、「藤田では患者さんをチーム一丸となって支えていきたいという意識で日々勤務しています。ですので、みなさんは安心して療養してくださいね」と締めくくった。

ラジオという、いわば医療行為とはまったく異なる活動を進めるにあたって、スタッフからは、「ラジオでどこまで患者に寄り添えばいいのか」という逡巡の声があった。放送は通常、カメラやマイクに向かって話しかける行為であり、その先にいる視聴者やリスナーが直接見えるわけではない。「フジタイム」では見えない「入院患者」に向けて語るために、ボランティア、特に看護師は当初大変に戸惑ったようだ。

看護師・玉井健雄：〔ラジオで初めて収録するということは〕緊張するし、相手が見えない。僕らは相手が見えることでコミュニケーションをとって看護をしているので、そういう意味では、すごく戸惑いというか。（略）いろんな人が聞くと思うので、（略）何を発したら誰も不快に思わないかとか、最初はそんなことばかりを考えていたかなと思います。

看護師・鈴木朝子：ラジオの向こうには患者さんがいるのかなと思って話をするんですけれども。（略）最初のときは話す言葉一つひとつ、これを話していいのかなと。お食事が食べられない患者さんだったら、ごはんの話なんかしないほうがいいのかなと感じたりして、それが気になるとあんまり話ができなくなっちゃうということもあって。(5)

看護師にとって、こうした見えないコミュニケーションは通常とは異なる経験だったようだ。普段、看護師は目の前の患者の様子を見ながらその状況に合わせて声をかける。しかしラジオを介するケアは異なる。ボランティアたちは、病気と闘い身動きがとれない患者たちを一律に、しかし多様に想像し、どのような話題が適切かについて熟慮する必要に駆られた。そもそも藤田医科大学病院は、急性期や高度医療を担う医療施設であり、多くの患者は痛みや慣れない不快感と闘いながら過ごしている。食事の話はタブーか、いや、いずれ元気になったときの楽しみとして目標になるからいいのではないか、それではアルコールは、などと活発に議論された。

看護師だけではない。健康に問題がないスタッフは、患者の状況に寄り添うという点には細心の注意を払っている。だから、常に看護師などの意見を聞き、また患者たちの状態を想像しながらトーク内容を考えている。例えば、企画や台本を考える研究補助員の鵜飼は、以下のような工夫をしていると語っている。

一度トークテーマをひらめいたと思って書いてから、しばらく台本を寝かせるんです。すぐに提出しないで、一、二週間程度悩むんですけれども、どのようなことを考えるかというと、自分の気分がいいとき、普通のとき、それから、疲れて落ち込んでいたりするとき、どのトーンで聞いても心地よく聞けるかどうかを調整するようなかたちで考えています。病院でのラジオなので、聞いている方が元気とはかぎらないんですよね。ですから、きょうはしんどいというとき、きょうは調子がいいというとき、患者さんもそれぞれあると思うんですけれども、どのような調子のときに聞いてもすんなり入ってくるようなものになればいいと思っています。(6)

番組を介した省察

トークテーマを決定する企画チームは、テーマ選びに際して、記念日や季節の話題を調べたり、通勤時にカーラジオなどを聞いてプロのパーソナリティーのトークから話題のヒントを得たり、あるいは常に自分たちの雑談のなかからテーマを探ったりするようになった。いうなれば、ラジオに参加することで、ボランティアスタッフのメディア接触やコミュニケーションのあり方が変容し、患者というリスナーを意識した日常生活へと変化したといえるだろう。放送局が視聴率のデータを分析しながらマーケットを意識してテーマや話題を決めるのとは異なり、病院ラジオ「フジタイム」では、千差万別の入院患者の状況を多様に推察し、寄り添うことで、番組内容を決定していく。一方で、視聴回数が気にならないわけでもない。会議で聴取率を上げるための方策を語るうちに、誰をターゲットにしているのか混乱することもたびたびある。しかし、そのたびにスタッフ内で検討を重ね、綱領に立ち返り、まず、入院生活でひととき現実を忘れるような楽しい時間や情報を提供することで患者たちを支えるという方向性を確認する。そして、スタッフと患者とが共通して楽しめる話題を伝えて病院への信頼感やスタッフとの一体感を高める場を作ることを目指し、患者を治療に誘っていくというアイデアを共有していった。

YouTubeでの配信が始まり、より多くの視聴数を求めがちになった。伝送方法が変わればリスナーも変わる。リスナーが変われば「フジタイム」の方向性も変わりかねない。学園からの要望や外からの期待などが少なからずあるなかで、患者のために何が可能なのかを常に意識しつづけることは意外と難しい。

ボランティアたちは、病院内のお気に入りの場所、眺めがいいスポット、通路に展示されている絵画など、少しよくなれば行ってみたくなるような場所やモノを紹介することで、患者たちに目標が生まれるのではないかと、病院内のミニ情報を伝えるコーナーも新設した。あるいは音のメディアであるラジオの特性を生かして、院内カフェの音を使ってクイズを作ることで病室の外の雰囲気を感じてもらう企画など、新たなアイデアが次々と生まれている。

スタッフも、大規模な大学病院であるため、どの職員も自分の職場について十分に理解しているわけではない。どうすれば患者が喜んでくれるか、異なる職種の職員たちと探索し、掘り起こし、共有することから、自分たちの職場の情報にあらためて気づくことも多かったようだ。

3　病院にとっての効果

病院広報としての側面

病院側にとって、医療や教育体制についての広報も「フジタイム」の重要な目的である。医療情報や病院の取り組みを伝える「医療フロンティア」はその代表的なコーナーといえるだろう。二〇二二年には、スタッフの間でこのコーナーの新たな方向性が提案されて実現した。

それは、医療情報コーナーで、コメディカルのインタビューを積極的に取り上げるという新しい企画が多くの議論を重ねて始まったことを指す。コメディカル（英語ではparamedic）とは、医師とともに医療を支える従事者の総称で、具体的には、薬剤師や理学療法士、作業療法士などの専門職が含まれる。これまで医療情報は主に診療科のトップである医師からのものが多かった。しかし、入院中あるいは退院後にも患者が触れ合う機会が多いそうした専門職がその職を志した理由や、専門職の立場からリハビリや検査や薬の必要性などを語ることで、患者の安心感が増し、理解が深まるのではないか、という声が上がった。ミーティングでは、病院食を作る栄養士や調理師の考え方についても伝えられれば、多少食事の味付けが薄くても不満が減るかもしれないなどと冗談交じりに提案されることもあった。

看護師の鈴木は、治療計画を提案するのは医療者側だが、患者が治療を決断するためには、医療者と患者という関係性だけでなく、人と人との信頼関係が大事であり、だからこそ職員全般が語るという方向性を支持するという。また、パーソナリティーとして「フジタイム」に関わった研修医（当時）も、自分がラジオで気軽に話すことで、年配の患者が医師に対して抱きがちな「お医者さまには常に従わなければならない」という意識を変えて気軽に相談してもらえるよう、親しみやすさをアピールしたいと語っていた。そして、今後、日本でトップを走るロボット手術の数や技術、あるいは一定の医療行為ができるより専門的で高度な看護師資格「診療看護師」を多く抱えているという病院の長所を番組内でもっとアピールすることで、患者たちが治療を受けている病院の質の高さを知り、より安心して治療を受けることができるのではないかと述べている。

組織内コミュニケーションの活性化

もう一点、組織内コミュニケーションの活性化を挙げることができる。職員三千人を超える大規模組織で、仕事場と直接の関わりがない集いやサークルは多くない。こうしたなか、ラジオ番組の制作が部署を超えた交流の一つの拠点になった。同じ職場内での異なる業種間の視座が共有されることで日常の業務にも利益を生む、とする意見も複数あった。前出の研修医は、番組内の会話だけでなく、その前後の雑談からも、例えば手術などでほかの職種がどういう視座から患者を見ているかを理解できるためにより効果的に手助けできるようになったと語る。また、不可解にみえる行為の意味が理解できれば、無駄な苛立ちを抑えられるようになるのではないかとも述べている。現代の医療は、厳しい職場環境や医療過誤で告訴されることを恐れて医療関係者もまた孤立し、相互に不信を抱いて苦闘しがちだと指摘(7)されるが、声のコンテンツをともに制作するというボランタリーな活動を通して連帯できる可能性もあるだろう。

年齢や役職を超えて平等に語り合う関係を築くことでロールモデルが見いだされる可能性についても、複数の意見があった。急成長を続ける大学病院での多忙な職場で、若手の医療従事者が目標を見失いがちになることが危惧されている。パーソナリティーには、ほかのスタッフから「普段は雲の上の人」「格が違う人」と表現されるような診療看護師資格をもつ役付きの職員もいる。「フジタイム」の制作に関わることで、尊敬するベテランと番組や雑談のなかで気軽に語り合い、仕事内容や思いを聞ける機会は、キャリアやロールモデルを考えるうえでも意義深いようだ。学生にとっても、患者について考える初めての経験になったという声があった。

4　患者とのコミュニケーション

メッセージカードの内容分析

「フジタイム」についての意見や感想などを書き入れるメッセージカードは、二〇二三年二月までに五十六通が寄せられ、複数投稿を除くと三十八人がメッセージを投稿していた。メッセージを寄せるリスナーの意見が必ずしもリスナーを代表するものではない。また、すべてのメッセージが番組内で紹介されたわけでもない。しかし入院中あるいは来院時にわざわざ時間をかけてメッセージを書いて投書箱に入れるほど、リスナーが院内ラジオに対して伝えたかったことは何だったのだろうか。

まず、リスナーの男女比は、（性別の記述があったもので割り出すと）男性が四〇パーセント、女性が三四パーセントでほぼ半々。性別の記述なしが二六パーセントになっている（図2）。世代比は七十代が最も多く二六パーセント、続いて六十代、四十代になっている。内容をカテゴリー化すると、数が多い順に、自分の病状や思いをつづった「報告・告白（三十二件）」、スタッフや番組内容への「評価・称賛（二十件）」、番組への提案や要望が書かれた「提案（十六件）」、病院スタッフやラジオ番組に対する「感謝（十七件）」、番組やシステムへの「苦情（七件）」、ほかの患者に対する「応援（十五件）」となる（一つのメッセージカードに複数の内容が含まれている場合は、複数カウントしている）。

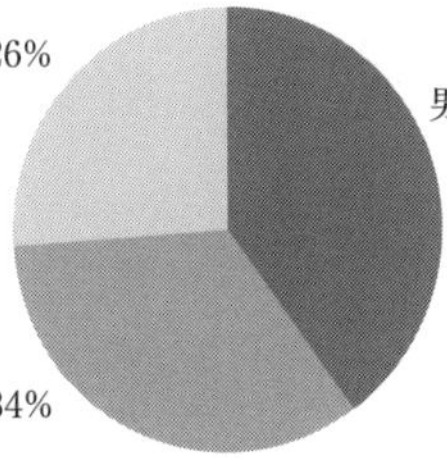

図2　投稿者の男女比（n=38）（筆者作成）

時期別に変遷をみると、一年目には新しい取り組みに対する「提案」や、機材やアプリの使い方がわからずに聞くことができない、あるいは医療情報コーナーが難しすぎるという「苦情」が六件あったが、これはその後急減し、ラジオへのメッセージらしい個人的な「報告」が増加するとともに、病院スタッフへの「感謝」の割合が増加した。二〇二二年以降では、個人の入院生活などをめぐる経緯や思いをつづった「報告・告白」が最も多く（二十件）、続いて、別枠で患者へのメッセージ欄を設けたことによって「他の患者への応援」も増え（十

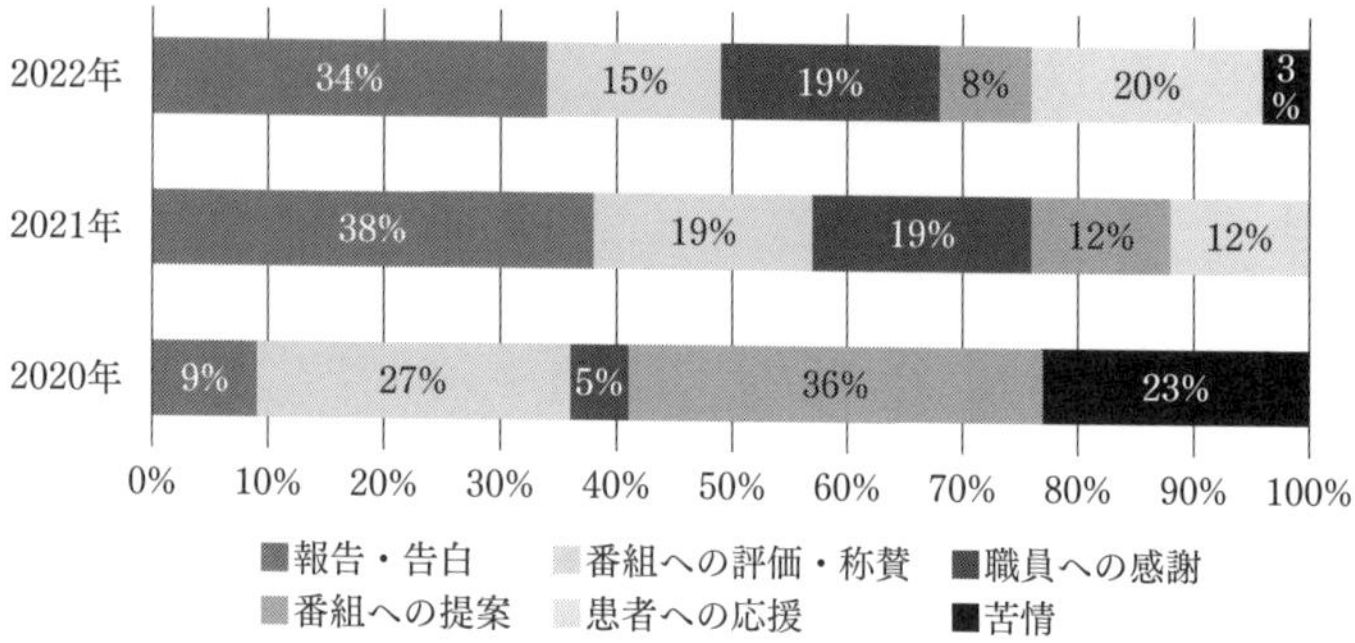

図3　メッセージ内容の変遷（筆者作成）

五件）」、「感謝（十一件）」「提案（五件）」の順になっている（図3）。

　患者からのメッセージ内容の変化は、徐々にラジオ番組らしいメッセージのやりとりがなされるようになったことを示しているだろう。実際、リスナーからの提案をもとにした病院内のミニ情報コーナーやお便りコーナーが創設されて投稿メッセージが定期的に読まれるようになったことなど、双方向性が少しずつ高まりつつある。

報告・告白――不可解な経験の物語化とパーソナリティーの応答

　それではどのような内容が投稿されているのだろうか。この三年間で最も多いのが、「報告・告白（三十二件）」である。リスナーからのメッセージが番組内で紹介されるにつれて、寄せられるメッセージの内容は長くなっていき、患者たちは、自分がなぜ入院することになったのか、どのように過ごしたのか、そして今後どうなりたいのかをしたためるようになった。四十代の女性患者は、入院中に多様なボランティアの作品に触れた経験を述べて感謝を記してから、「私も病気が完治して健康になったら、この病院のボランティアに参加したいと思います」と結ぶ。また別の三十代患者（性別不明）は、病院スタッフに励まされたことについて触れて、「退院後は治療を頑張りながら、誰かの役に立てる仕事につきたいと思います」と他者への感謝と新たな決意で締めくくっている。ただ退院するというだけの報告ではない。入院中の感謝とともに、その経験を自分の人生にとってプラスになるものとして意味づけ、未来へとつなげようとした痕跡が多くのメッセージにみられるのが特徴だ。

質的心理学者のやまだようこは、事象を「むすび」つけたときに意味が生成するのであり、関係がないようにみえる事象や出来事でも「むすび」つけることで、ライフ（人生・いのち・生活）を変化させ、人生観や世界の見方を変革すると指摘する(8)。

そして、病を得てから人生の再構成にいたる物語の構造には一定の型がある。疾患が見つかり、当たり前の生活ができなくなる「欠如」、信頼に足る病院関係者の一言、ボランティアやその作品との「出会い」を経て、自分もこの大変な経験を糧に人の役に立ちたいというような「転回（見方の転換）」、そして決意を含んだ人生の物語の「再構成」にいたる構造である。先に述べたイギリスのホスピタルラジオに寄せられたメッセージカードや、ＮＨＫの『病院ラジオ』の告白も、このような構造のもとで語られていることが多いように思われる。

患者たちはメッセージをしたためる際に、おそらく無意識のうちにこうした心情の整理をおこないながら、人生の物語を再構成している。逆にいえば、メッセージを書き、「再構成」にいたる物語が完成することで、病からの再生の一歩を踏み出すのだといえるかもしれない。しかし、こうした、いわば達観した語りにいたるまでには、逡巡があったことも容易に推測できる。以下のメッセージには、その痕跡が見て取れる。

急に、入院、手術して、正月が過ぎ、桜も咲きましたが、いまだ良好ではないので治療を受けています。まさか自分が急に入院するとは夢にも思っていませんでした。毎日女房には連絡していますが、自分が弱気になると電話の向こうですすり泣いているのが聞こえてきます。頑張れと言いますけど、どう頑張ればいいのかと、つい反発してしまう日々です。一刻も早く退院して、愛猫にも会いたいし、女房の作ってくれるご飯を食べたいので気力で頑張ります。

（二〇二二年。個人を特定できないように個別語彙を変更している：引用者注）

ただ単に退院したいというのではなく、日々の人生でもやもやと感じている張り合いのなさや落胆、ちょっとした希望や申し訳なさなどを整理しながら、「愛猫にも会いたい」し「女房の作ってくれるご飯を食べたい」から気力で頑張ると、未来に向けた決意としてメッセージにしたためている。患者らは、ラジオへのメッセージを紡ぎ出すなかで経験や思いを整理して目標を設定し、過去と未来をつないで自分の生きる意味を伝えようと表現する。そして、それは努力しようと自らを励ます行為のようにみえる。患者のメッセージからは、不可解で抗い難い病の経験をなんとか自分の生へと意味づけて社会復帰に向けて努力しようと、メッセージを書きながら自身に言い聞かせている姿がみえてくる。

しかしこのメッセージには、考え方や状況を変えるような「出会い」や見方の「転換」が記されていない。そのため、どこか安定していない印象も受ける。逆にいえば、自らの再生、退院後の生活などが筋として描けず、物語が宙吊り状態になっていることから、それが精神的な苦しさにつながるのかもしれない。

もう一つ、このメッセージからみえてくることとして、闘病をめぐる家族との関係の難しさがある。彼は、自分が弱気になることで電話の向こうで配偶者がすすり泣くのを聞き、どう頑張ればいいのかとつい反発してしまうと悩みを告白している。病気は一進一退を繰り返し、あるいは悪化することもある。病状が改善しなければ、家族は本人以上に落ち込んだり悩んだりもするだろう。患者は家族をがっかりさせないために、つらさや弱さ、くじけそうな気持ちを、正直に家族や身近な他者に吐き出せないこともあるだろう。それぞれの思いが対立しがちなのが病の現場でもある。ラジオは、そうした行き場がない気持ちを、他人であるパーソナリティーや同じような経験をしているほかの患者に聞いてもらう場としても機能しているようだ。

利他的行為としての「提案」

続いて多いのは、「提案（十六件）」である。そのなかには若干苦情めいたものも含まれるが、あくまでも提案として書かれたものを分類した。提案には、番組の更新頻度を上げてほしい、過去の番組を聞けるようにしてほしいなど、システムについての要望（三件）のほか、音楽を増やしてほしいという意見、コーナーの新設の提案などがあった。実際、ここで提案されたことが改善につながっているケースも少なくない。提案するということは利他的な行為であり、ほかの患者たちの役に立てることが自分の苦しみや不安から逃れる一助になっている側面もあるかもしれない。

番組への評価・称賛

続いて番組への評価・称賛（二十件）である。「フジタイム」という試み自体、あるいはスタッフの心意気や技術、オープニングトークについての全体的な称賛と、個別コーナーを評価するメッセージがある。評価されたコーナーは、院内コンサートコーナー（四件）、医療情報（二件）、朗読コーナー（二件）で、全体的な称賛としては「MCの四名が職員で、自然体の発声が好感です。素人感を持ち続けて成長をされることを期待しております」（七十代・男性、二〇二〇年七月）、「正直業務多忙の中で制作されているとは思えない内容に驚きました」（六十代・男性、二〇二〇年十一月）、「病気になって、ラジオをよく聞くようになりました。だから「フジタイム」楽しかった」（四十代・性別不明、二〇二一年十月）、「コロナ禍では家族に会えず、外に出て陽の光を浴びることも難しい。そんななかでも外の世界や患者同士のつながりを感じさせてくれる「フジタイム」はとても貴重なツールです」（三十代・女性、二〇二二年五月）といった声が寄せられた。また、「好きな本も読めないし編み物もできないしがっかり。でも「フジタイム」の若い女性たちの明るいおしゃべりで暗くなりがちな心を癒してもらっています」（年代・性別不明、二〇二二年二月）など、治療のために目を使えない患者からの称賛のメッセージは少なくない。

ボランティア、スタッフへの感謝――患者の経験との接続

続いて多くみられるのが感謝（十七件）である。時系列でみると、番組への単なる称賛からスタッフなどへの感謝へとメッセージの内容が経年的に変化していて、入院中に面倒を見てくれた病院スタッフに向けたもの（十二件）、そして「フジタイム」のスタッフや出演者に向けたもの（四件）に分けられる。その多くが、自らの病院経験（報告・告白）や番組への評価・称賛とともにしたためられたメッセージである。

ある患者（六十代・女性）は、想定外の罹患で戸惑い、外科治療をするかどうか迷っていたときに番組を聞き、また看護師らと話をして決心がついたとしている。「フジタイム」のスタッフや医療従事者の生の声に信頼感をもったのかもしれない。あるいは以下のようなメッセージも、退院する多くの患者が同様に抱く感情ではないだろうか。

　初めての入院、手術……すごい不安や怖さ……入院前から涙……。（略）頭のなかはゴチャゴチャ。そんななか、友人の「頑張るのは手術する先生たちで、寝て起きるだけだヨ‼」という言葉で少し楽になれました。（四十代・女性、二〇二一年十二月）

このメッセージは特定の看護師に向けた感謝とともにつづられている。退院時の感謝を担当医療スタッフに対面で直接告げるのではなく、より多くの人々と共有するメッセージとして投稿すれば、ほかの患者たちを勇気づけ、安心させる側面もあるだろう。また、ここには、「頑張るのは手術す

る先生たちで、〔患者は〕寝て起きるだけ」という友人の一言が安心につながったとあるが、メッセージに書かれた患者側の心情や経験は、医療従事者や家族にとって、対応や声かけのヒントになるかもしれない。

またこうした称賛や感謝は、病院に対する愛着や信頼感とともに記述されていることが多い。院内ボランティアが飾った絵画や花、ラジオに対し、「この病院は患者さんを思いやる心であふれています。（略）いつ来ても明るい元気な空気感のある藤田医科大病院が大好きです！」（四十代・女性、二〇二二年三月）、「初めての県外大学病院での初手術で、とても不安でしたが、いままで入院してきた病院と大きく違い、とても丁寧な対応、充実した設備に驚きました。とても気に入ったので、また何かあったらお世話になろうと思います」（三十代・女性、二〇二二年二月）などのコメントは、広報素材のようにさえ感じられる。

「応援」しあう患者たち

二〇二一年十二月に二周年のタイミングでYouTubeでの配信が始まり、翌年一月には中部地方のNHKで「フジタイム」のドキュメンタリー番組が放送されたことで聴取回数が上がり、投稿数も増加して、お便りコーナーが設けられた。メッセージというフィードバックがあることは、スタッフにとって最もうれしい瞬間であるようだ。企画とパーソナリティーを担当する事務職員の井出はそのときのことを以下のように語る。

聞いてくれてる人がいるなんて……卑下するわけじゃないですけど、本当にこれまでは、ラジオって発信するだけで、お便りもあまりこないし、聞いてる人の聴取回数をみても、本当に聞いてくれる人がいるのかなあって思ってたんですけど、実際YouTubeで、チャンネル登録とか、聴取回数とかが数字として現れるようになって、お便りも増えてくると、私たちの声も聞いてもらえてるんだとうれしい気持ちになります。

お便りいただいて、すごい意外だったのが、報告も多いんですけれど、ほかの患者さんへのメッセージがすごい最近目立つと思っていて。（略）自分もこんな手術しました、とか、手術の方頑張ってくださいとか、思ってた以上にあって、みんながラジオを聞くのも楽しいかもしれないですけど、やっぱり話したいのが大きいのかなあと思っています。（二〇二二年三月三日）

投稿内容をみていると、入院中あるいは退院後の不自由を伴う生活について患者には話したいという欲求があり、それがメッセージとなって投稿されているようにも感じられる。実際、コロナ禍もあり、「患者同士、以前のようにお声がけできず、病室にいても少しさみしい。（略）もっと気軽におしゃべりできますように」（四十代・性別不明）など、誰かと思いを交わし合いたいという気持ちや、「病棟ラウンジでたまたまほかの患者さんと話になった折、病気はそれぞれですが、経験、苦労、心労はほぼ九〇パーセント同じ。ほかの患者さんとのコミュニケーションがないと一人絶望感だったり、人生最後と思い込んだり大変です。行き過ぎにならない経験談が大きな励みになることがあります」（七十代・男性、二〇二二年三月）など、苦しんでいるのが自分だけではないと感じること、同じような経験をしている患者からの声やメッセージを聞くことがケアに役立つことが、これらの投稿から読み取れる。
また、退院してから「フジタイム」に出合い、自身の経験をもとに患者たちを励ましつづける人もいる。七年前に脳梗塞で入院し、病院にリハビリに通うペンネームI7（六十代・男性）は、退院してからこれまで継続的に投稿をしているヘビーリスナーだ。I7はメッセージで、病院スタッフへの感謝と過去の入院経験を踏まえた患者たちへの応援、そして自分が目指す未来とを結び付けてつづっている。

二年くらい前に入院したとき、夜ねむれなくてラウンジでお茶を飲んで夜景を楽しく見ていたら、ふと目につくものがありました。何だかチラチラ灯が見えるなあと思ったら懐中電灯を持ったガードマンの人が駐車場の屋上から下のほうの階までぐるぐると回ってパトロールしているのがわかりました。十時過ぎの夜遅くまで自分たちを守るため体を張って警備してくれるんだと感心しました。自分も、たるんでいてはダメだ!! ちゃんとリハビリをして体を治すと真剣に取り組み始めました。手術を二回してもらい助けてもらったお礼は、自分がリハビリを一生懸命やって心身ともに丈夫な体になることがいちばんの恩返しだと思いガンバッテ取り組んでいます。（I7、二〇二二年一月）

病院は、医療関係者だけでなく、事務や清掃や警備などさまざまな役割を担う人々がいて運営される組織であり、特定できない誰かにも感謝を伝えることができるのはラジオならではの特徴だ。なぜつらい思いをしてリハビリをしなければならないのかという患者の戸惑いに対し、スタッフへの「恩返し」を目的として示すI7のメッセージは、生きる意味の喪失に苦しんだり未来を描きづらかったりする患者に対して、努力を促す一つのヒントにもなるだろう。また彼は自分の経験を投稿することで、ほかの患者を励まそうとする。

少しでも時間の余裕があったらほんの少しずつでも歩くことを進〔勧〕めます。それが、健康の秘訣です。血流がよくなります。（I7、二〇二一年七月）

リハビリは、自分からぬけ出してはいけません、自分のためだと思い自分から立ち向かっていかねばなりません。やればやるだけの成果が必ず出ます。自分の甘えた心に負けず、毎日こつこつと、厳しくてもいくことです。自分も十メートルぐらいしか歩けなかったのが、キントレで百メートル、次は一キロ、しばらく続けて二キロと、継続してあきらめずにやったおかげがありました。（I7、二〇二二年一月）

自分が経験した病とそこからの回復について誰かに語って励まそうと試みることは、当人にとっても、その困難を自分の人生に意味づけ、納得するうえで意味をもつ。こうした利他の感覚は闘病記の執筆などにも通じるものだろう。闘病記は、なかなかわかってもらえない病について理解するきっかけを社会に向けて提供することで、体験者にしかできない社会的役割を果たす[9]。ラジオのメッセージは手軽に医療関係者や患者に回復の経験を伝えることができ、他者を励ますことで自らの経験を意味づけることになり、その結果、自らもまたケアされるという点で意味をもつ。

5 日本の院内ラジオの可能性と課題

ここまで読んで、医療関係者には、もっと専門の仕事に集中すべきとする考えもあるかもしれない。また、番組を制作しつづける経営環境も、安定的成長を続ける藤田医科大学だからこそできるのであって一般化は困難という意見もありそうだ。実際のところ、人員、さらには運営資金の捻出などは確かに課題の一つである。イギリスのホスピタルラジオが一般ボランティアを中心に運営されているのと異なり、あくまでも病院側が主導権をもって展開しているのが日本型ホスピタルラジオの特徴である。日本型のメリットは内容のチェックやプライバシーへの配慮などについて広報担当者が確認できる点であり、デメリットは病院関係者の負担が増え、更新頻度を含めて双方向に限界が生まれることだ。藤田医科大学病院の場合、更新頻度は二週間ごとである。短期入院が多いこともあってメッセージが双方向になりづらい。そのことが最大の課題だ。また、患者や元患者の参加が増えれば、個人が推奨する健康法は問題がないのかどうかのチェックもこれまで以上に必要になるだろう。

ちなみに、同様の試みは近畿大学でも始まっている。「フジタイム」開設から半年後、コロナ禍の面会制限や対外活動の停止などに対応し、患者とのつながりを提供するサービスとして二〇二一年五月に「近大メディカルラジオ」[10]が始まった。「患者や家族と音声を通して新たなつながりを作り、日々の健康づくりに役立つ情報や、医学部並びに病院スタッフの素顔を届けること」を目的にしているという。発起メンバーは、広報・企画系の有志チーム五人が中心になった。配信システムはVoicyビジネス版を用いて、十分程度の内容をスマホで録音。初期費用を抑えて始められる音声メディア配信サイトを利用している。二〇二四年二月現在は二十分前後のコンテンツの企画・録音をおこない、二週間に一度の更新頻度で公開している。精神科医師のレクチャーや健康情報が人気のコンテンツで、二〇二四年二月現在は千七百七十二人の登録がある。ただし、Voicyのユーザー母体との関係もあって、東京在住のリスナーが多く、病院の患者に十分リーチできていないことが課題だという[11]。

「フジタイム」に寄せられたメッセージからは、さまざまな経験や思いを整理してストーリー化し、病という突然の理不尽な経験を自分の人生に意味づけようとする患者たちの姿がみえてきた。最近では、病気を克服した元患者の経験を聞く試みも始まっている。ホスピタルラジオは、患者の経験についての語りを医療関係者と患者、家族、みんなで聞き、受け止める仕掛けとして機能しはじめている。

だが、「フジタイム」は発展途上でもある。新型コロナウイルス感染症が五類に引き下げられて以降、院内の公共スペースでの公開放送も始まった。現在は、患者との関係性をより重視した活動へと移行しつつあり、学生の参加も進んでいる。医療教育との連携やメッセージの重視などは、イギリスとは異なる日本独自の試みともいえる。二〇二四年春にはＮＨＫ『病院ラジオ』もやってくる。リクエスト曲の演奏や、病院ボランティアや家族会との連携、イギリスを手本にした病室でのメッセージ回収など、今後もそのときどきの状況をみながら新たな試みが模索されていくだろう。

注

（1）内部資料による。
（2）二〇一九年十二月九日にプレスリリースを発表して、十二月十八日に記者発表会をおこなった。
（3）インタビューはＭ－ＧＴＡ（修正グラウンデッドセオリー）に基づき、質的分析ソフトMAXQDAを用いてコード化したうえで分析している。
（4）藤田医科大学岡崎医療センター「クルーズ船「ダイヤモンド・プリンセス号」乗客乗員受け入れについて」（https://okazaki.fujita-hu.ac.jp/about/contribution/koukai.html）［二〇二二年三月二十八日アクセス］
（5）院内ラジオ フジタイム「【第50回】院内ラジオ 大感謝！ 二周年記念スペシャルフジタイム♪」（https://www.youtube.com/watch?v=WS8ycJSTRh8&t=129s）［二〇二四年二月十六日アクセス］
（6）同番組
（7）前掲『ナラティブ・メディスン』一〇ページ
（8）やまだようこ編『人生と病いの語り』（「質的心理学講座」第二巻）、東京大学出版会、二〇〇八年、二四―二七ページ

（9）小平朋江／伊藤武彦「精神障害の闘病記――多様な物語りの意義」「マクロ・カウンセリング研究」第七巻、明治学院大学井上孝代研究室マクロ・カウンセリング研究会、二〇〇八年

（10）近畿大学病院スタッフ「近大メディカルラジオ」（https://voicy.jp/channel/1731）［二〇二四年二月十六日アクセス］

（11）二〇二三年三月二十九日。Zoom によるチームメンバー戸口愛梨氏らとのインタビュー。

第5章　孤立を防ぐ小さなラジオ――二つの実践から

1　高齢者施設での実験ラジオ

高齢者施設とメディア

閉鎖的な空間や人とのコミュニケーションが限られる場は病院だけではない。ゴッフマンは、精神病院や刑務所などの類似の施設で暮らす人たちが、管理されて日常生活を送る閉鎖空間を「全制的施設」と名づけた。(1) こうした施設では収容された人々の管理が目的になり、個々の人格が軽視されがちだ。

「日常生活を営む上でなんらかの支援の必要な人が、その必要な支援を受けながら生活する場」(2) である高齢者入所施設も閉鎖空間になりがちである。国土交通省の資料(3)によれば、介護やサービスの提供などを受けながら施設で暮らす六十五歳以上の高齢者の数は二〇一八年の段階で二百十三万人と、同時期の高齢者人口比で六・〇パーセント（二〇〇〇年には二・二パーセント）を占めていて、その割合は増加しつづけている。入居者の生活の質を向上させるために介護者たちは血のにじむような努力をして相応の成果が上がっているものの、居住系高齢者施設も生命維持を最重視するため、何よりも管理が優先されがちになる。[4]

海外では、高齢者のメディア利用を社会参加の一形態としてウェルビーイング（心身の幸福）の視点から捉える必要性が提起され、高齢者の自律性や尊厳の保持を目的にメディア使用のあり方を考えようとする研究が少なくない。高齢者のメディア利用に関連するそうした研究には主に二つの視座がある。

一つは、高齢者が、他者との社会的接触の客観的欠落や不足状態に陥る「社会的孤立」を避けるためのメディア利用を捉える視座である。医学的調査からは、社会的孤立が高齢者の早期死亡リスクの大幅な増加に関連しているという研究結果がある。[5]高齢者施設の場合、独居の高齢者と比べて、介護者やほかの入居者との関わり合いは日常的にあるかもしれないが、最低限の話はしても、ほかの入居者とあまり親しくなれないケースをよく耳にする。そこには、「社会的孤立」はなくとも、当人が主観的に感じている「孤独」が存在しているかもしれない。

もう一つ、ユニークなのが、「環境コントロール感」[6]という視点である。例えば施設に入居する高齢者は、長年地域で親しくしてきた友人や家族と離れ、慣れ親しんだ環境、暮らしていた家、さまざまな道具をほとんど手放して施設に入居する。自らのケアさえ十分にできなくなっていく状況で、自分の新しい部屋をどのようにして心地よい空間に「自宅化」していくかが課題とされる。高齢者施設でのメディア利用について参与観察したクリスティン・E・スウェインは、高齢者たちが施設内の部屋でさまざまなメディアを使って自分らしさを維持し、地域で暮らしていたころの延長に現在の生活を位置づけようとしていると報告する。亡くなった人や家族の写真を飾ることでつながりを維持し、いつもの新聞を読むことで地域社会とつながり続けるとともに、自分がまだしっかりした人間であることを確かめている。国境なき医師団に寄付して送られてきたカレンダーの掲示には、自分が社会に貢献していることを確認する意味もある。ラジオやテレビは、自宅にいるときと変わらない環境音として、住み慣れた自分の部屋にいる雰囲気を作ってくれるというのだ。(7) さらに、家族に電話するときに電話のボタンをうまく押すためのタッチペン、本の文字をより見やすくするために工夫しながら使う虫眼鏡や照明、聞き取りを補完するイヤホンなどの「補助メディア」も、メディア利用を可能にする系の一端を構成している。あるいはサラ・ワーグナーは、参与観察やインタビューを通して、外出がままならない居住者にとっては、高齢者施設の居室からの景色やそこを歩く人々の様子など、窓が一つの重要な情報メディアになっていて、また新聞にはさんであるスーパーマーケットのチラシを見ることは、現在の生活と地域での生活とがかけ離れたものではないことを実感することにつながっていると論じる。(8)

このように、メディアは高齢者施設の入居者の主体性を高め、施設での生活とこれまでの長い人生とのギャップを埋めるうえで重要な意味をもつ。家族だけでなく、高齢者のそれまでの友人や社会との関わり、あるいは新しい環境での人間関係をメディアを介して維持しつづけることもまた必要ではないだろうか。

しかし日本では、施設でどのようなメディアが使われ、家族や社会とどのようにつながっているのかを問う研究は驚くほど少ない。かわりに活発なのは、「見守り」や介護ロボットなど、介護者の管理負担を減らす技術開発である。また二〇二一年に厚生労働省は介護施設にＩＣＴ（情報通信技術）の利用促進を呼びかけているが[9]、その内容もまた、行政に提出する文書作成ややりとりの効率化が必要という事務的理由に基づくものであって、メディアで入居者のつながりを維持するという発想は薄い。二〇二〇年五月に全国の介護施設に対しておこなわれた全国調査[10]でも、施設・居住系の介護施設での家族との連絡手法（複数回答）は九四・九パーセントが電話、電子メールが一四・四パーセントで、LINE や Facebook が八・四パーセント、ファクスが七・五パーセントと続く。コロナ禍は、緊急事態宣言下で面会禁止に踏み切った介護施設に否応なくビデオ通話の利用を促し、三〇パーセントの施設が活用しているが、用途の多くは事務連絡用で、入居者と家族との連絡に利用している施設は一四・二パーセントにとどまっている。

聞くところによれば、ビデオ通話には一定の効果はあるものの、入居者の多くが認知に問題を抱えていることから「必要ない」と考えられているか、電話利用は、何度も繰り返し要求するために介護者や家族を煩わせがちで、むしろ避けたいというのが施設側の本音らしい。なかには入居者が里心を感じないように、入居して数カ月は家族や友人とは連絡を絶って施設に慣れてもらうことを求める施設が少なからずあるという。

高齢者にとっては施設という新しい生活環境への適応は困難な場合も多い。高齢者施設の入居者同士が新たに友人になる場合もあれば、「ついのすみか」であるために人間関係に苦しめられたり、トラブルを避けようと新しい関係性に踏み込めなかったりする高齢者も多いという。また最近は少人数のグループごとでの生活を試みるユニットケアでこまやかな関わりが期待される一方、人間関係が小規模化することで、逆に密室性や閉鎖性につながりかねないという指摘[11]もある。施設ケアでの人間関係をめぐる研究のレビューによれば、身体機能が低下したり認知症を患ったりして個体としての機能や能力が低下したとしても、その人を取り巻く他者との関係が満たされていれば、豊かな生活や人生を送ることが可能[12]だという。したがって、人生で最後の生活の場になる可能性が高い入所施設で、「多様な他者とのかかわりや関係を再構築していく支援が重要[13]」なのだといえる。

高齢者施設でのラジオ公開放送実験

北陸地方のある高齢者入所施設でも、閉じこもりがちな高齢者がどうしたらイベントなどに参加してくれるかが課題になっていた。この施設は介護型と自立型を併設する五十人弱が入居するサービス付き高齢者住宅で、自立型の高齢者には外出が認められている。施設では、常々新しいイベントを提供して入居者に楽しんでもらえるように取り組んでいるが、閉じこもりがちな高齢者も少なくない。そこで、ラジオでより居心地がいい環境を築けないかと、二〇一八年九月にウェブを介した公開放送型「施設内ラジオ」のパイロット実践をおこなった[14]。施設で毎年おこなわれている敬老の日の祝典イベントを活用して、施設内宴会場で公開放送をおこない、新しく開発したラジオデバイスと、パソコン、Wi-Fi 網を介して居室に中継した[15]。被験者になった高齢者は、施設側にスケジュールを確認して選定してもらい、身体と認知ともに問題がない入居者三人（この施設に入居間もない七十代・女性ａ、八十代・女性ｂ、九十代・男性ｃ）が居室でラジオデバイスを使って公開放送を聞いた。そして居室でラジオを聞く様子を、筆者を含む観察者らが観察・記録し、中継後、インタビューをおこなった。三例というきわめて限られた事例だが、小規模施設内ラジオの可能性を探るうえで有益な知見もいくつか得られたので、ここで「ラジオのおのお」（のおのおは現地の方言で、ねえねえ、の意）について簡単に紹介したい。

表1　「ラジオのおのお」番組表：2018年9月8日（筆者作成）

14時	オープニング
	「あゝ人生に涙あり」（『水戸黄門』主題歌）合唱
	（会場で拍手の練習、居室でのいいねボタンの練習など）
14時10分	表彰式 第1部（10人×30秒）
14時15分	米寿の入居者さんへのお祝いインタビュー（5分）
	リクエスト曲「ここに幸あり」合唱
14時25分	職員の「ご自慢クイズ」（2人×5分）
14時35分	表彰式 第2部（10人×30秒）
	合唱「高校三年生」
14時55分	教えて先輩（2人×5分）
15時5分	表彰式 第3部（10人×30秒）
	「上を向いて歩こう」合唱
15時30分	終了

番組内容

　このラジオ企画は、イベントの雰囲気を居室に伝えることで、さまざまな事情でイベント参加を躊躇する入居者らが、居室でイベントの情報を共有し参加してみたいと思うようになり、さらには施設内のコミュニケーションを活性化することを目的にしていた。そのため、入居者や介護者をめぐる多様な情報がラジオ番組を通して伝わることを目指した。

　入居者一人ひとりを大事にするという目的で、毎年敬老の日におこなっている表彰式（介護職員が入居者全員に感謝状を授与するイベント）をラジオ番組

写真9　施設内公開放送の様子（筆者撮影）

の公開放送のために構成しなおした。従来の表彰式では一人あたり一、二分の表彰が一時間近く続くところ、表彰式を三分割し、その間にその年に米寿を迎えた入居者を紹介するとともにリクエスト曲をみんなで合唱するコーナーと、介護者への理解を深めることを目的とした双方向型コーナーを設定した。

表彰式では、一人ひとりの入居者に対して、「明るく介護者に語りかけてくれる」「○○に詳しい」など施設の介護者がみんなで文面を考えた感謝状を紹介し、入居者に受け渡す様子を中継した。また、普段はあまり入居者に話すことがない職員のプライベートな趣味や特技についてクイズ方式で紹介し、会話の糸口を作ることを目指した「ご自慢クイズ」、介護する／されるという関係性を逆転させて若者の悩みに入居者が答える「教えて先輩」という二つの参加型コーナーを設定した。公開放送の会場には介護型と自立型双方の二十人余の入居者が集まり、地域で活動する社会福祉士（男性）と施設長の女性が司会を務めた。

公開放送会場の様子と居室での聴取風景

当初、八十代から九十代の高齢者が一時間半集中していられるかが心配されたが、結果的にほとんどの入居者がそのまま会場で公開番組を楽しみ、各自が敬老の日の表彰を受け、スタッフから手渡された歌詞を見ながらともに歌った。

当日会場で参加していた入居者らが、このイベントをどの程度「ラジオ」として意識したかはわからない。中継されていることはほとんどわからなかっただろう。しかし公開放送というスタイルをとったことで、通常のイベントとは異なる雰囲気も感じられたようだ。会場での参加者の反応もかなり良好で、終わってから司会者たちは、「久しぶりに楽しかった」「また来てね」などの声とともにたくさんの高齢者に囲まれ、なかには涙を流しながら楽しかったと述べる入居者もいた。終了後の施設スタッフのインタビューでは、一人だけが歌うカラオケに比べて、全員で声を合わせて歌う方式でみんなが参加できたこと、そしてクイズや若者からの相談コーナーでは想像以上に積極的に答えていたことがよかったという。とりわけクイズや相談などの双方向のコーナーで、認知症で普段はほとんど的確な受け答えが望めない状態の高齢者が、司会者にマイクを向けられた瞬間、的確な答えを返してきたことに驚いたと複数のスタッフが述べていた。マイクを向けるということは、その人の答えをみんなが待っている、ということを意味する。恥ずかしさや緊張がありながらも、その人の声を聞きたいという気持ちと、それに答えたいという高齢者側の意図が瞬間的に相互行為を成立させたといえるかもしれない[16]。

一方、居室での聴取実験に参加した入居者たちには、設備トラブルで音声が途切れたことはストレスに感じられたが、表彰式で自分の名前が呼ばれ、スタッフのコメントが読み上げられると、みんな手を叩いて喜んだり笑んだりとまんざらではない反応をし、歌を一緒に口ずさんで、会場の様子を居室でもそれなりに楽しんでいる様子が感じられた。

三人へのアンケートでも、番組内容を楽しめたかという問いに対しては五段階評価で平均四・六と高評価だった。その理由として挙げられたのは、介護者・入居者の新たな側面を発見できたということだ。入居間もない七十代の女性aは、司会の女性職員をまだよく知らなかったために「あんなに笑う楽しい人だとは思わなかった」と驚き、八十代の女性bも、番組内でインタビューを受けた入居者が誰かを想像しながら聴取していた。「普段話すことはないし、住んでいる階が違う〔要介護ユニット居住者〕けれど、たぶんあの方かな、と想像がついた」「めったにイベントに出てこられない方も来られていたので驚いた」など、普段、顔を合わせるだけの施設内の人間関係に思いを馳せ、会場の様子を想像しながら聴取していたようだ。女性bはこうしたラジオシステムについて「自分が寝たきりになって、イベントに出られなくなった場合、こうしたラジオはとても重宝。絶対ほしい。施設でぜひ導入してほしい」とかなり高評価だった。介護者やほかの入居者を多面的に理解する契機にはなったのではないか。

一方、普段から自転車で遠出し、施設内に友人がいないために敬老の日のイベントに出るのをためらっていた九十代の男性は、今回の番組内容は楽しんだものの、会場に足を運ぶことはこれからもないという。外出ができる彼は、まだ外の世界とつながっていたいようだ。

もう一つ付け加えると、当日参加できなくなった入居者のラジオデバイスを急遽エレベーターホールに置いたところ、イベントに参加していない入居者らが物珍しさから立ち止まり、音声を聞きながら雑談する光景がみられた。ずっと番組を聞いているわけではないが、ときどき番組内容に耳を傾け、面白い話題があればそれに関した会話を始めて自由に話題を転換させ、話が途切れればまたラジオを聞いていた。内容をじっくり聞くというよりも、そこに居合わせた人や番組に参加している人たちとのゆるいつながり感を楽しみ、会話の素材だけをラジオに求めるコミュニケーションだ。食堂や居酒屋のテレビが居心地の悪さを和らげ、他者との対話のきっかけを作ってくれていることにあらためて気づかされた。

小規模施設ラジオの展望と課題

今回、施設内ラジオを聞いてもらった高齢者たちの反応からは、他者に話しかけることへの躊躇がありながらも、多少なりとも施設内の人々からの適度な関心と彼らとのつながりを求めていることが感じられた。施設スタッフのインタビューによれば、この施設では介護型と自立型に分かれているが、この二つのユニットは、互いに顔は見たことがあっても話すことはほとんどなく、自立で きている入居者は介護度が高い入居者をなんとなく「下に」見てしまい、介護度が高い人が多く参加するイベントには参加したがらないケースがあるそうだ。一方、介護度が高い入居者も、そうしたほかの入居者の目を気にしてイベントの参加を躊躇しがちだという。生涯顔を合わせなければならない人たちだからこそ他者との関わりには慎重さが必要で、こじらせてしまえば困難がつきまとう。実際、今回もラジオから聞こえる声や様子から違うユニットの入居者の様子に関心を示したり、司会を務めた施設スタッフの新たな側面に驚きを示したりと、入居者たちは、他者に関心がないふりをしながらも施設内の人間関係に大いに関心を払っているようだった。

施設内の他者の様子を想像し、気遣いながら、スタッフのプライベート面や仕事とは異なる側面も紹介する施設型放送の間接的なコミュニケーションは、学校放送と似ているかもしれない。直接的なコミュニケーションだけでは理解しづらいことを番組として楽しみながら知ることができる。施設内の他者と直接向き合うことで失敗するという危険性を避け、相手のことを想像しながら理解を試み、役割やステレオタイプでなく個人として認識する一面を見いだせるということでは意味をもつのではないか。

2 「語る」というケアのかたち――生きづらさを伝えるコミュニティラジオ

「現れの空間」としてのメディア

閉鎖空間だけが社会的孤立につながるわけではない。昨今、さまざまな「生きづらさ」が注目を集めるようになっているが、周囲の理解がないために社会参画しづらく、孤立しがちな人々もいる。現在の日本は、かつてのように「一億総中流」ではない。社会運動論の富永京子が説くように、非正規労働の増加や労働市場のグローバル化、家族形態の変化で、それぞれが考える「ふつう」が必ずしも誰かにとっては「ふつう」ではないという状況が一般化しつつある。[17] しかし相変わらず私たちは自分の生活が「ふつう」だと信じ続け、困難を抱えた人々の状況を理解できないまま、自分の常識が通じない場面に出くわすと「ずるい」と感じてしまいがちだ。こうした日常的・基礎的な困難や差異がみえていないことが、分断へと導かれがちな理由の一つだろう。

およそ百年前、すでにアメリカのジャーナリスト・批評家のウォルター・リップマンは、人はメディアによって得られた情報で世界観をかたちづくり、その世界観をもとに行動していると述べている。(18) この状況は現在も変わりがない。ネットの検索などでも、アルゴリズム（プログラミングの計算処理方法）によって、ユーザーが好みそうな情報や意見が優先的に表示されるようになっている。そのため、自分とは状況や関心が異なる人々の様子が伝わりにくい「フィルターバブル」状態が問題視されて久しい。それもあってネットの検索に現れない物事は、「ない」に等しいものとされてしまう。メディアで活躍する有名人の情報に注目が集まっても、困難を抱えている人々の声は伝わりづらい状況は、自ら意識しないかぎり昔とさほど変わらない。

ナチズムが台頭するドイツからアメリカに亡命し、全体主義や公的領域の意義について追究したユダヤ人思想家ハンナ・アレントは「現れの空間（the space of appearance）」(19) という概念で「私が他者にとって現れ他者が私に対して現れる空間」の必要性を説いた。現れの空間とは、その人の存在がきちんと他者に認識され、また他者を認識することによって世界が成り立つ状態を指す。哲学者・齋藤純一の言葉を借りれば、「人びとが行為と言論によって互いに関係し合うところに創出される空間」(20) であり、価値や意見、背景が異なる人々とその差異を承認しあったうえで同席する状況といえる。

メディアはこうした「現れ」に少なからず意味をもつ。メディアでは、普通に暮らしているかぎり出会わないような人々をコンテンツを媒介に出会わせるからだ。メディアでは、一九六〇年代のイギリスに生まれたカルチュラル・スタディーズは、ドラマに描かれる人種やジェンダーの偏りなどのマスメディア上の「リアリティー」にアカデミックな視点から疑問を投げかけ、その不均衡を批判し、改善を要求しつづけてきた。メディアのコンテンツは、現実をそのまま映し出すわけではなく、意識的・無意識的に編集され構築されていくが、私たちは、むしろそうして描かれたものを現実だと認識しがちで、一定のステレオタイプ化につながることも否めない。欧米ではテレビや映画のスクリーン上の白人の割合が現実の比率以上に多かったり、女性が少なかったりという点が問題視され、北欧の公共放送では、子ども向け番組に障害を有する人々が現実以上の割合で出演するようになっているし[21]、欧米のドラマやドキュメンタリーではジェンダーや人種の構成比の是正が進んでいる。

現実社会やメディアで「みえない」ため、あるいは語られないために偏見が生まれることもあるだろう。語り出すことは他者の前に「現れ」、その存在をまずは認めさせることでもある。

当事者によるメディア発信の意義

これまで、日本にもさまざまな問題を抱えた当事者[22]の姿を描いた優れたドキュメンタリーやドラマがなかったわけではない。だが、「当事者主権」の潮流から捉えれば、最近になって不十分な点も指摘されはじめている。

当事者主権の運動は、知的障害者たちが自分たちの問題を自分たちで発信することを求めた「ピープル・ファースト」運動など、一九七〇年代のアメリカで始まったとされる。日本でも二〇〇〇年代以降、北海道浦河町の精神障害者活動拠点べてるの家で展開している当事者研究[23]が学際的・国際的に注目を集める一方、メディアでも、ＮＨＫ教育テレビの番組『バリバラ』（二〇一二年―）が、バラエティーという様式で、多様な困難を抱えた当事者自ら歯に衣着せぬ発言をすることで等身大の姿を積極的に提示している。この番組では、一六年に、国民的番組『24時間テレビ 愛は地球を救う』（日本テレビ、一九七八年―）を、障害者の感動的なストーリーを健常者が自分の満足のために消費する「感動ポルノ[24]」だとして、パロディー化して笑いにすることで批判した。

こうした背景には障害や困難をめぐる二つの問題がある。

一つは、表象（イメージ）、とりわけステレオタイプをめぐる問題である。例えば障害者の描き方は、「同情・憐憫の対象／困難を克服した超越する存在の象徴、そしてその中間にいる福祉サービスを必要とする困難を抱えた一般的な障害者という三タイプ[25]」というステレオタイプに収まりがちで、メディアが取り上げる場合には障害や困難を中心に据え、人物そのものの思いや意見は追いやられることが多い。つまりマスメディアでは、多くの場合、障害者がステレオタイプなイメージを伴い扱われることが多く、ともすると個別の生やニーズが無視されやすいことが問題視されてきた。

二番目に、パターナリズムの問題がある。パターナリズム（温情主義）とは、当人の利益のためだとして弱い立場に置かれた人の行為を制限することである。その人のことを思いやるように見せかけておきながら、現実的には自身に与えられそうな危害の防止が目的だったり、利益を得るのはより権力をもつ自身の側であることが、当事者主権の傾向のなかで問題視されてきた。社会学者の上野千鶴子は、「ニーズの帰属する主体」をケアの対象として定義する一方、そうしたケアをめぐるニーズが、本人ではなく、家族や専門家などの第三者からパターナリスティックに決定されてきた可能性が高いことを指摘している。[26] 例えば発達障害の子どもの教育やケアを考える場合、多くの報道が専門家や家族の意見をもとにした記事になっている。そのほうが権威もあり、取材しやすく、障害の実態を知らない読者にとっても理解しやすいからである。[27] そうした視座では、当事者自身が本当は何を求めているのか、これまで十分には表現されてこなかったといえる。

ソーシャルメディアでの発信の容易さは当事者の発信を後押ししているが、その背景になっているのが社会的包摂の視座である。これまでの社会では、貧困や困難という状況を個人や世帯の努力や能力の問題に帰結させようとしてきた。それに対して、社会的包摂の考え方では、これらが雇用や財産の剝奪、教育機会や社会的つながりからの排除という状況に陥ったことで生じると考えて、社会的な対策を重視する。例えば障害をめぐっては、かつては障害をインペアメント（能力や身体の欠損）とみなし、その負担を個人に求めたり対処を医療に求めたりする「個人（医療）モデル」が当然視されたが、最近はディスアビリティ（dis-ability 不能化）とみなし、不自由を与えてしまう社会的条件を見直し、責任を社会の側にも求める「社会モデル」[28] へと変化しつつある。よく挙げられる事例でいえば、肢体に不自由がある人に対して医学的治療や本人のリハビリによって歩けるようになることを求めるのが個人（医療）モデルであり、交通機関や建築にバリアフリーを取り入れるなど社会の側にも一定の責任を課して改良するのが社会モデルとされる。日本でも二〇一六年の障害者差別解消法などで、システムや環境の見直しが求められつつある。

しかし障害の「社会モデル」は、バリアフリーのように技術やテクニックで推進されるばかりではない。障害や困難を抱えた人々に対する偏見や差別が、車椅子の前に立ち現れる段差と同じように当事者の行く手を阻むことがある。

三角山放送局の事例──「現れ」を目指すコミュニティのラジオ

札幌市西区のコミュニティFM・三角山放送局は、偏見や差別を軽減するためにコミュニティメディアのレベルで当事者発信を進めている。同局のウェブサイトには、「障害者も女性も子供も、社会的弱者が自分の思いをはっきり伝えることができるラジオ」[29]と記してある。実際、この局では、「誰もがマイクの前に立てる」ことを理念とし、「少数派を大事にする、マイノリティは絶対排除しない」[30]という方針を掲げている。そのための取り組みとして、どんな人でも放送に参加できるよう、視覚障害者に番組が終わる時間を振動で伝える「ブルブルキュー」、手に障害があるパーソナリティーが呼気で合図を送れるスイッチなどの技術を地元大学や研究所と共同で開発してきた。また二〇二〇年に終了した『ALSのたわごと』(二〇一五年六月―二〇年十月)は、全身の筋肉が徐々に動きにくくなる難病の筋委縮性側索硬化症(ALS)患者の米沢和也が病気のことや自身の感情、社会への提言などを亡くなる直前まで支援者とともに発信しつづけた番組である。声が出なくなってきた米沢は、パソコンの画面を目で追いながら文字を入力し、録音してあった自分の声から文字を音声化するボイスターというソフトを使って、サポーターと疑似対話をしながらラジオリスナーに語り続けた。米沢は、「まぶたも手足の指先も動かなくなって、自分の意思がまったく伝えられなくなる。土に埋められた真っ暗い棺桶の中に、一人でぽつんといて、誰も何も聞いてくれないような状態。これは凄まじい恐怖」と語っていた。こうした症状にいたるかもしれないALS患者にとって、一度つけたら外せなくなる人工呼吸器をつけるかどうかは大きな決断である。当初はそうした状況で生きることに疑問を呈していた彼だが、アシスティブ・テクノロジーを用いてラジオで語り続けることで人工呼吸器をつける決断をし、同じように戸惑う患者に「我々と一緒に生きてみませんか」と呼びかけるようになった(31)。誰かに向けて語るということ、すなわち誰かが聞いてくれるということが、自分が生きる意義を確信させ、もっと生きたいという気持ちを後押ししたのかもしれない。

現在も、三角山放送局では、車椅子で生活する人の視点から生活情報を伝える『飛び出せ!車イス』など、「語りたいこと」を抱えた中学生から八十五歳までの百五十人の多様な市民パーソナリティーが番組をもっている(32)。

セルフヘルプからセルフアドボカシーへ

とはいえ、病気や困難、生きづらさを抱えた人々にとって、誰かの前に出て意見を言うことは簡単ではないことにも注意しておきたい。南アメリカの貧しい農民に対して識字教育を推進し、その教育実践から「エンパワメント」という概念を生み出したパウロ・フレイレは、貧困状態に置かれた被抑圧者は、状況に対して常に「宿命論的」に捉えがちで、「俺に何ができるって。ただの百姓にすぎないというのに」と考えて、自分たちもまたさまざまな物事を知っていることに無自覚だと指摘している。[33] 彼らの経験は同じような状況に陥っている人々にとって示唆を与えるかもしれないのに、自発的に語りだすことは意外と難しい。日本でも自分には話す資格などないと考える人も少なくないだろう。

一方、仲間内で語り合う活動は盛んになっている。困難を抱えた人々が自主的に集まり、悩みを打ち明け、互いに経験を告白し、共有することで、次のステップへと踏み出して回復を目指そうとするセルフヘルプ・グループの活動が日本でも盛んだ。この活動は、二十世紀なかごろからアルコール依存症患者らの間で始まったアメリカの断酒活動ＡＡ（Alcoholic Anonymous）の集会が起源とされる。日本でも家族会など類似の活動を経て一九八〇年前後に紹介された。いまではその対象や活動は病気、障害、虐待にいたるまで多岐にわたり、就労支援事業などでも広く実践されている。

こうしたセルフヘルプ・グループのなかで語られる彼らの困難な経験をめぐる語り、そして再生についての語りは、基本的に匿名の相手の前で話すモノローグが中心だ。自分と同じ困難を抱えた人々の話を聞き、自分もまたその経験を語ることによって、悩んでいるのが自分だけではないとわかり、他者が聞いてくれていることを自覚することで、当事者の孤立感を和らげる場として評価されている。ここで話されたことは「言いっぱなし、聞きっぱなし」が原則である。たとえ目標を外れたことを告白したとしても、評価を避け、むしろ語りにくいことを語ったとして肯定的な評価を受ける。そして語られたことは、仲間内のこととして、プライバシーの視点からグループ外で口外しないことが約束になっている。社会学者の伊藤智樹は、この活動の意義を「物語」という視座から分析し、当事者が理想とする物語の結末に向かって、個人の物語（「よい話」「心を打つ話」）を生産・消費しあうなかから、恒常的に理想へと向かう自分について意識づけるとともに、仲間との連帯感が生み出されていくと説明している。(34)

セルフヘルプの活動には二つの側面がある。(35)つまり、参加者自身の認知や行動を変革していく自己変革機能が主な側面とされてきたが、それとともに、社会全体に対して障害や困難をめぐる認知の変革を促し、制度改善や地域住民の啓発活動へとつなげる社会変革機能ももっている。しかし日本では、当事者らが同じ問題を抱える人々に経験を語ることはあっても、社会変革機能はまだ十分に発揮されていない。当事者にとって、その困難がどのようなもので、そしてどのように対処したのかという経験のナラティブは、闘病記と同様、自発的に語るまでにはいたらないが、同じような症状に悩むほかの「潜在的」な当事者や家族や専門家にとって有用なはずだ。そしてそれを聞くことは、一般市民にとっても、当事者への理解を深め、偏見を低減するうえで意味があるだろう。

そこで注目されるのが、「当事者自らが自分で権利を訴え、ニーズについて行動を起こすスキルを獲得するセルフアドボカシー」(36)だ。アドボカシーという言葉は、もともと法廷で弁護人が当事者の主張を代弁する行為を指す。一般的には権利擁護活動を指す用語であり、従来ジャーナリズムがその役割を担ってきた。しかし、前述の「当事者によるメディア発信の意義」の項でも指摘したように、昨今では、健常者がおこなってしまったパターナリスティックな描写の内容が適切かどうか検討が求められている。今後は、自分のニーズをどのように認識し、それを他者に発信していくかというプロセス自体を含み、エンパワメントへとつなげるセルフアドボカシーについても同時に考えていくことが求められる。セルフヘルプの活動で語られる克服（多くの場合は寛解）の物語は、多くの場合、個人とメンバーのなかにとどまってしまう。そこから自分たちのニーズや経験をどのように発信していくかについては未開拓であり、自分が抱える問題に気づいていない潜在的な当事者や一般の人々には十分に届いていない。つまり、当事者たちがセルフヘルプを通して認識した自分のニーズを社会に向けてどのように伝えていくのか。セルフヘルプからセルフアドボカシーへとつなげていくにはどうしたらいいのかを考える必要がある。

『悩み続けるラジオ』の挑戦

その一つの方法として、一九八〇年代のアメリカでおこなったラジオを用いた研究を挙げる。音声だけで伝えることで聴取者の想像力を喚起し、伝えづらい困難な状況を伝え、また個人を特定することなく報じやすいとして、ラジオを媒体とした実験的研究がいくつか実施された。その結果、「番組の聞き手に、当事者が抱える困難をめぐる認識の変化が起こったこと」「当事者が潜在的ニーズをもつ誰かに情報が伝えられた満足感を得たこと」[37]などが明らかになっている。またオーストラリアでも、二〇〇〇年代初頭にコミュニティ放送と連動させた障害者らの当事者参加型発信の研究が進められた。そこでは、「コミュニティラジオは多様な意見を交わし合う公共圏の役割を担いうる」[38]と結論づけている。

ちなみに、音声だけ公開するという緩やかな匿名性のもとで地域社会レベルでの発信を可能にするコミュニティラジオは、海外では非営利が主で、当事者らの声を受け止め、広く地域社会に意見

表2　『悩み続けるラジオ』パイロット研究の5人の出演者（筆者作成）

	年代	性別	自覚する困難・障害	状況・特技など
A	30代	男性	強迫障害	野菜栽培の一般就労継続支援事業所の利用者から職員へと転身。妻の励ましに感謝している。
B	20代	男性	発達障害、弱視	野菜栽培の一般就労支援事業所利用者で若手として期待され、日々努力を重ねている。
C	40代	男性	ギャンブル依存症経験者	ムードメーカー。介護士の免許を取得したばかり。介護のプロになることが夢。
D	40代	男性	ギャンブル依存症経験者	自営業。セルフヘルプ・グループを各地に設立。元お笑い芸人の経験を生かして当事者としての語り手になることを希望。
E	40代	男性	発達障害、アルコール依存症	スポーツ用品店勤務時代に叩き込まれたプレゼンテーションを得意とし、未来もそうした仕事を希望。

を伝えるアドボカシーのメディアとして、積極的に活用されている。現在では、日本でもすでに紹介した三角山放送局だけでなく、非営利法人の放送局などを中心に多様な当事者発信のラジオ番組が存在している。不登校の生徒たちやセクシャル・マイノリティ、がん患者など、困難を自覚する多様な人々が自分の日常や経験、意見をコミュニティFMで語ることで、問題やニーズの所在を明らかにしようと試みている。[39]

こうした当事者発信番組を今後広げていくうえでの可能性と課題を探るため、筆者が二〇一九年から二〇年にかけておこなった実験的試みについて紹介する。それは福井県のNPOコミュニティFMでの当事者発信番組のパイロット実践である。そこでは依存症の回復をサポートする一般社団法人とおこなった取り組みで得た知見を踏まえ、当事者らが相互にインタビューしあう番組『悩み続けるラジオ』を試験的に立ち上げた。ちなみにこの番組は実験の終了から四年が経過したが、二四年現在も当事者たちが自律的に継続している。

『悩み続けるラジオ』は、当地で多様な困難を抱える人々の相談、支援活動に携わる社会福祉士・藤田正一が、常日頃から周縁化されがちな人々の支援のなかで、「当事者らの状況が少しでも地域住民に理解されていれば、困りごとの相談や就職などの機会により助けが得られるのではないか、あるいは困難を抱えている人たちがメディアでつながることで、セルフヘルプ・グループや行政の支援へとつなぐこともできるのではないか」と感じていたことから始まった。また、番組を放送する「たんなんＦＭ」[40]は、「誰のものでもなく、誰のものでもある公共電波を広く市民に開放し、立場・利害・障害・国籍・差別を乗り越え、市民・県民なら誰もがラジオマイクの前に立」つことをモットーとするＮＰＯ放送局である。ここでは、三角山放送局と同様、障害をもつ人々など、声が埋もれがちな人々が発信する機会を普段からレギュラー番組のなかで積極的に設定している。同局は一カ月に一度、一万円払えば三十分枠を放送できる番組会員制度を設けていて、これを利用して現在三十組前後が番組を制作・放送している。以下は、研究助成金でこの市民番組制作枠を購入して番組を制作・放送したアクションリサーチについての報告である。

ラジオで語る当事者としては、地元で活動する藤田が関わりをもつ人々と、その人たちが話を聞きたい人として紹介した計五人を一人ずつスタジオに招き、三十分間、当事者の視点から経験を語ってもらった。いずれもセルフヘルプ・グループなどに参加した経験をもち、困難な経験を誰かに語ることを自ら望んだ人々である。この活動を通して、ラジオに出演する当事者に向けては、①内面に抱えていること、セルフヘルプで得られた経験を整理して語ることで、新たにポジティブな自己像を描くことを意識すること、そしてリスナーに向けては、②当事者が抱える困難を住民リスナーが理解し、偏見を低減することと、③潜在的に困難を抱えているリスナーや家族がセルフヘルプ・グループや援助団体、病院といった社会的サポートにつながる契機になることを目的にした。

番組企画――ナラティブ・アプローチの活用

番組は、当事者の過度な緊張をほぐすため、社会福祉士である藤田と、何らかの困難を抱えるもう一人の当事者とがパーソナリティーになって、ゲストに質問を投げかけるインタビューの形式にした。

当事者の経験を番組化するにあたっては、ナラティブ・アプローチを参考にした。ナラティブ・アプローチとは、経験の物語化に焦点を当て、語り手が依拠する問題含みの事柄を質問や対話を重ねながら、当事者がポジティブな将来像を支えるストーリーを構築する手助けをする理論と実践である。もともとは精神医学や心理学の領域の実践から始まった手法だが、二〇〇〇年代以降、その潮流は社会学などにも及び、自己は物語によって生み出されるということが論じられるようになった。生まれながらの固く変えられないものとして自己を捉えるのでなく、人生でのさまざまな「エピソードの選択と配列」を通じて、自分自身について語ることによって「私」が生み出されていく[41]と考えるアプローチで、困難を抱えた人々のカウンセリングや再生に生かされてきた。

そこでこの番組でも、当事者らが語りを通して自らの困難な経験を人生に意味づけ、ポジティブな将来像へと結び付けていく自己物語を描き出すことを目指した。

こうした物語化を自然におこなえるようにコーナーを四つ配置した。①抱えていた困難をわかりやすく表現するキャッチフレーズの紹介、②ゲストが経験した困難を語るコーナー（具体的なシーンと理由、当事者の世界の見え方と苦しみ）、③再生へと向かう契機「分岐点」、そして、④未来像を表現するキャッチフレーズの提示と説明のコーナーを番組内に設定し、新たな自己物語が描けるよう工夫を重ねた。①の「困難のキャッチフレーズ化」は、ナラティブ・アプローチの「外在化」[42]を参考に、キャッチフレーズをつける作業を通して自らが経験した困難を客観的に把握し、その人自身に問題があると考えるのではなく、問題状況と個人とを切り離して説明することができるように配慮した。そして、時間軸に沿って振り返り「分岐点」でその転機をあらためて探り、同じ困難を抱えている人にとって、自らの困難から踏み出す一歩になる契機やシーンを示すことを企図した。それらを踏まえ、未来を想像してもらい、そこに向かうという時系列に沿った再生へのポジティブな自己物語化が自然にできるように構成した。

もちろん、コーナーに沿って個人がそのまま語るだけで自然に物語化されるわけではない。聞き応えがあり、また当人が納得できる物語として語り出すためには、多様な関係者がさまざまな側面について問いかけ、対話を通して内容を深めていく必要がある。特に自身が抱える困難を、当人に内在する問題として否定的に語るのではなく、「外在化」し、その困難にキャッチフレーズをつけるという作業は自分だけでは難しい。外在化に必要なのは、その人を心から理解しようと試みる他者からの問いかけと多面的なアイデアである。

図4　実際の音声のQRコード

寂しがり屋のギャンブラー――物語化による決意と理解

この番組を通して示された物語として、ギャンブル依存症に苦しんだ男性の事例を挙げておく（図4）。彼は、打ち合わせの対話を通して、過去の自分を「寂しがり屋のギャンブラー」というキャッチフレーズで表現した。なぜパチンコがやめられなくなったのか、放送前の事前準備の対話で問いかけられ、理由を探るなかで、パチンコそのものというより、にぎやかなパチンコ屋の空間が好きだったことに思い当たり、「寂しがり屋」という性質をキャッチフレーズに埋め込み、根源的な問題として客体化して表現した。続いて困難を感じていたころの自分について、社長から給料を前借りして通い詰め、そうまでしてギャンブルをしていてもまったく楽しくなく、徐々にやめられなくなっていくことが、実は自分も苦しかったのだと告白した。続いて、「分岐点」では、体調を崩した際に撮影したCT画像で前頭葉萎縮が見つかり、これが依存症を起こしていることがわかったときのことを語った。彼は、依存症が単なる気持ちの問題ではなく、脳の異常を伴っていることをリスナーに向けて説明し、おかしいとうすうす気づいていたが、病気だと知ってショックを受けたこと、そしてそれでもやめられなかったこと、ついに何も食べられなくなり、救急車で運ばれたことでようやく病気として自覚した経緯を語った。そして真に分岐点になったのは、この自覚を機に、回復施設でセルフヘルプ的な活動をおこなったことだという。この活動を機に、なぜか徐々に寂しさを感じなくなっていったというのだ。さらに将来像については、小さいころに暮らしていた児童養護施設で体の不自由な人たちとソフトボールをした経験を思い出し、福祉の仕事に就きたいという夢を設定して未来のキャッチフレーズとして「介護リーダー」と表現した。彼は、介護関係の資格を取得して憧れだった介護職にようやく就けたので、今後はより責任をもてる仕事がしたいと締めくくった。

彼はのちに、前半と後半のキャッチフレーズによって自分の問題と課題がはっきり可視化でき、過去と未来を結び付けるフォーマットに沿って語ったことで進むべき方向性が明確になったと語っている。

当事者らが得た達成感

・セルフアドボカシーの達成と自己承認

それでは、ラジオで語りの場を得たことで、当事者たちは何を得たのだろうか。事前準備、そして本番で、番組フォーマットに示された項目とインタビュアーの問いかけに対して当事者らは、自らの経験をわかりやすく説明するために何度も経験を振り返り、コーナーに沿って物語化していった。こうした振り返りはセルフヘルプ・グループでもおこなわれていたというが、ほとんどの当事者は、まったく関わりがない他者に向けて経験を語ることはしていない。

他者に向けて語ることは、自他の差を意識することにつながる。とりわけ、公共性を意識させる放送は、当事者たちにそのことを否応なく意識させることになった。自分には当たり前のことが、一般のリスナーにはどの程度伝わるのか。自らの困難や状況を背景に共有していない他者に説明することは、自分の状況を客観的に把握することで、他者への要求が明確になって、セルフアドボカシー・スキルの向上にもつながる。

興味深いことに、これまで番組に出演した依存症経験者三人はみんな、ラジオで社会に向けて語ることが自らに言い聞かせることになったと語っている。そのうち二人は、つらい時期を思い返して新たな将来像を定着させるために、録音したラジオ番組を何度も聞き直していた[43]。なかでも依存症経験者のもう一人は、ラジオで発信したことによって、「ともに頑張れる。一人で抱え込まなくていい、と自分の心にも言い聞かせてるような感じ」になり、経験を発信すること、そして繰り返し確かめることが自分にとっての回復につながっているとはっきり感じたと語っている。

さらに、当事者たちの事後インタビューで最も多く聞かれた感想が、当事者の家族や身近な関係者からのフィードバックを得られたという達成感である。彼らは、親しい人々にも面と向かっては困難の経験や思いを語っていない場合が多く、五人中四人の当事者が放送の音声ファイルを家族や友人などに聞いてもらい、あらためて自分の経験やこれからの決意を伝えるのに用いたという。先に紹介したギャンブル依存症だった男性は、番組を職場の同僚や利用者にも聞いてもらい、理解してもらったこと、そこで話した内容に高評価をもらったことで自己肯定感が高まったと述べている。

・ケアされる側からケアする側へ——経験を他者に伝える達成感

さらに、当事者らは、地域に暮らす潜在的にニーズがある人々に対して、自分の困難な経験の伝達ができたかもしれないという強い達成感を得ていた。例えば、前項で触れたアルコール依存症を経験した彼は、「バトンがつながれたと思った」と語り、自分の経験を語ることで、当事者の背中を押せたのではないかと考えている。彼は、依存症のセルフヘルプに行く前の自分を思い出し、そのときと同様の状態にある人々や関係者に対して、「当事者にしかわからない逡巡を踏まえたうえで語った」ことに達成感を得ていた。具体的には、「依存症患者は、本音やスリップ〔再びアルコールを摂取してしまうこと〕、秘密のことを〔誰かに〕いうと、みんな、怒られるとか、責められると思って引っ掛かってしまい、回復支援施設や依存症の会にきたがらない」と考え、自らの失敗をわざわざ明らかにすることで潜在的な当事者が次の行動をとりやすくなるよう心がけたという。彼は、当事者が抱えるこうした逡巡が、支援者に伝わっていないと常々感じていたのだという。

当事者らは多くの場合ケアされることが多く、また私たちはケアすることばかり考えがちである。しかし、今回、放送を通じて自分の経験が誰かの役に立っている、ケアをすることができたと感じることで喜びや満足感が得られ、そのことがまた当事者のケアにつながる側面もみえてきた。実際、セルフヘルプなどでも問題を抱える当事者同士が援助しあうことで、むしろ援助する側が恩恵を受けるという「援助者療法原理(44)」の存在が指摘されている。語ることで誰かの役に立てたという満足感が自己肯定感を高め、自身をケアする側面があることにあらためて気づかされる。

聴取者はどう感じるか——市民アドボカシーの萌芽

『悩み続けるラジオ』では、一回の出演で終わるのではなく、語り手が聞き手に回り、聞き手が語り手になる構成を試みた。聞き手になって当事者のストーリーを聞く経験は、ほかの人々の困難に対する理解と連帯を促す側面もみえてきた。例えば、強迫障害に悩んだ別の男性は、聞き手になってほかの障害を経験した人の話を聞くことで、自分だけでなく、ほかにも多様な困難をもつ当事者がいることに気づき、そうした人々がどのように困難を克服したのかという「手法」に関心を寄せるようになったと語っている。また聞き手として関わった吃音の障害をもつ当事者は、それまで、生まれながらの障害をもつ人々に共感はあっても、依存症に関しては「自己コントロールがきかない」「乱暴」というステレオタイプのイメージで捉えていて、コロナ自粛期にパチンコ屋に行く人々を軽蔑的に眺めていた。しかし依存症の話を聞くうちに、「真面目で優しそうで、こんな人がギャンブル依存症だったのかとイメージがわかないくらいカルチャーショック」を覚えたという。また、依存症が脳の病気と知って「全部が全部、批判はできんなと大きな変化があった」と述べている。残念ながら、コミュニティFMではリスナーの反応を集めることが難しかったが、同様の感想は、FM局の局員からも聞かれた。これらの反応から、情報だけだと単なるステレオタイプと偏見を増幅するかもしれないことを、当事者本人の困難な経験として語りを聞くことで、その思いや背景にまで踏み込んで問題を理解できる可能性があることがみえてきたのではないだろうか。

当事者発信の意義と課題

今回、サポートに関わった就労支援事業所の支援者は次のように指摘する。多くの当事者たちは、それまで受けてきた教育やメディアの影響で、自分を無力だと思い込んでしまう傾向がある。だから、自らの経験を誰かに語る意義そのものを理解すること自体、実はかなり困難なのだという。当事者の無力感と意義についての理解が難しい点に、当事者発信の困難があるといえるだろう。そのために、話を聞いてくれる安心できる人と場、そして経験を語りやすい番組様式が準備されることで、より多くの当事者をアドボカシー活動へと誘えるのではないだろうか。そのときラジオは、声だけで発信できるから、語りの内容に集中できるメディアとして有用だろう。

発信する権利や意義を自覚することはまさしくセルフアドボカシーの第一歩だが、当事者や支援者がその意義を理解することは難しい。しかし、当事者らが最も評価していたことは、本当に伝わったかどうかは別にして、自分の経験が誰かの役に立ったかもしれないという利他性だった。アルコール依存症の患者たちがなぜ一歩を踏み出せないのか。それをわかったうえで潜在的にニーズがある人々に届くように発信の仕方を工夫した男性の事例は、その可能性を示している。このときにはリスナーから直接的な感想こそ寄せられなかったが、実際のフィードバックがなくても、放送で語ることで「誰かに聞かれたかもしれない」「役に立ったかもしれない」と感じることが当事者自身にとって大きな達成感につながっていた。まさしく、当事者だからこそできる発信だ。

とはいえ、課題もある。当事者の間ではキャッチフレーズやコーナー設定が自身の経験について省察を進め、目標へとつながる物語化ができたと一定程度評価されていた。しかし同時に、フォーマットに従うことで定型的な物語様式に帰結し、困難の複雑性が軽減されてしまったりハッピーエンドで結んでしまったりという、物語化が抱える根本的なジレンマもあった。また実践面では、異なる困難を抱える人が聞き手に回ったときに、相手にどこまで踏み込んでいいのか戸惑うケースがあった。この実践では社会福祉士という専門家が同席しているので助言を求めることもできたが、発信をめぐる語り手のメンタルケアも含め、個別事情により即した検討が必要だろう。

助成金を活用した実践を終え、コロナ禍を経験したのちも、『悩み続けるラジオ』では、統合失調症や身体障害、引きこもりなどの当事者に話を聞き、アマチュアミュージシャンが録音編集をおこなって放送を自律的に続けている。コロナ禍でのウェブ会議システムの進展は、閉じられた空間を超えて、体を動かせない人々からも顔を見ながら話を聞ける可能性を押し広げた。放送が続いている理由は、社会的意義があるばかりでなく、誰かの経験を聞くこと、違う視座から物事を理解することがそもそも興味深い経験になるからだろう。それを非日常的なスタジオで収録し、ラジオで地域に放送することは、イギリスのホスピタルラジオと同様、楽しい。楽しくないと続かないのだ。

3　ケアするコミュニティFM構想

この番組の世話役である社会福祉士の藤田は、「マスメディアや、ネット上から聞こえるかしましい声ばかりでなく、身近なところから聞こえてくるか弱い声に耳を澄ますことで、マスメディアの仕事とは違う、地域に密着した情報伝達がある。今後は、自分自身もよりネットワークを広げ、多くの語り手とつながり、その声を拾い上げていきたい」と述べる。音声だけのラジオは、わざわざ話を聞こうと思わない人、見た目だと避けてしまいがちな人々の声であっても、聞く側は話の内容を理解しようと意識を集中させ、想像力をはたらかせる。

高齢者や、病気や障害を有する人々は、地域社会で孤立しがちである。メディアコミュニケーション研究の香取淳子は、テレビなどのマスメディアは全国的で地球規模の情報が多いために、生活圏が狭くなる高齢者の生活情報装置としてはふさわしくなく、本来は双方向で情報のやりとりができるメディアが望ましいと述べている。しかし行動範囲が狭まっていく高齢者にとっては、マスメディア以外に情報収集の手段が閉ざされがちで、不可避的にテレビに依存せざるをえないのだと述べる(45)。高齢者のネット環境も飛躍的に上昇しているため、今後はネット上のローカル情報も充実していくだろうが、メディア接触は情報収集だけが目的ではない。誰かの声を聞いて安心したり、メッセージに反応したり、ときに自分もメッセージを投稿したりするなど、感情の共有もまたメディアの重要な機能である。高齢者施設で、ほかの入居者と近づきたいが人間関係を壊すのが怖くて接触できないという悩みや、高齢になればなるほど人の選り好みが激しくなるというような状況下では、プライバシー重視の風潮もあり、対面で友達を作ることはたやすくないのだろう。鋭い針毛をもつヤマアラシが互いに寄り添おうとしても、それぞれの針で傷つけ合ってしまうことを恐れて近寄れない「ヤマアラシのジレンマ」が存在している。

こうしたジレンマを解決する仕組みの一つとして、コミュニティＦＭに期待したい。市町村単位の小さなラジオ、コミュニティＦＭが日本に登場して三十年になるが、多くの地域での聴取率はいまだ高くない。現状は災害対策に向けた放送が中心になり、民放やＮＨＫなどのマスメディアと同様の放送を目指していて、いくつかの局を除いては地域に暮らさざるをえない弱さを抱えた人々をメインターゲットにはしていないようにみえる。またコミュニティＦＭの側が医療や福祉施設をスポンサーや語り手などに取り込もうとしても、医療・福祉関連ビジネスには放送とつながる意義が理解されず、反応が薄いとも聞く。

　コミュニティFMは、多様な経験や視座をもつ身近な当事者たちの発信と結び付くことで、マスメディアとは異なるケア的な役割を果たすことができるはずだ。「地域密着」というスローガンは、単に地域の店や名所を紹介することを指すだけではない。同じ地域に暮らす人々の声を聞いて伝えることも立派な地域密着・貢献であり、何より、生きづらさを感じる昨今、困難を抱えた人々の語りは、そうでない多数派にとっても、困難の克服法や考え方、捉え方など新たな視座を得る契機になるにちがいない。NHKの『病院ラジオ』や、「オバサン」をターゲットにしたポッドキャスト番組『OVER THE SUN』がターゲットとは異なる属性の人たちからも人気なのは、そうした理由があるからにほかならないだろう。アーノルド・ミンデルは、政治的・社会的な問題やその過程にしか光を当てない民主主義では多数派や権力側の肯定や承認にとどまってしまうのだと批判し、「ディープデモクラシー」を提案する。彼は、多様な人々の内的な状態を正確に理解しなければ、意図せずして人々を力で抑えつけることに加担し、不当な扱いや傷つける行為を広めてしまうと警告する。[46]自分とは異なる背景をもつ他者が何を思い、何を必要としているのか、まずは同じ地域に暮らす「私たち」の声を丁寧に聞き、理解し、共有するところから始めてはどうだろうか。

　コミュニティFMの役割は、災害やニュースなどの情報伝達にとどまらないだろう。身近な人々との間で、例えば方言などを生かしながら、[47]主流なメディアでは流されないような声や経験・思いを提示していくことができれば、閉塞感が漂う現代社会で、当たり前をかたちづくる常識や偏見を覆し、新しい生き方や世界を地域から提示していくことができるのではないだろうか。

注

（1）前掲『アサイラム』

（2）黒田由衣「高齢者入所施設における生活支援に関する研究——利用者の社会関係の拡がりに着目して」「評論・社会科学」第百三十七号、同志社大学人文学会、二〇二一年、九ページ

（3）国土交通省「高齢期の居住の場の現状とサービス付き高齢者向け住宅の課題について」（二〇二〇年九月十七日第4回サービス付き高齢者向け住宅に関する懇談会資料3）二六ページ（〔https://www.mlit.go.jp/jutakukentiku/house/content/001474163.pdf〕［二〇二四年三月一日アクセス］）から、二〇一八年の特別養護老人ホーム、有料老人ホーム、老人保健施設、サービス付き高齢者住宅、認知グループホーム、軽費老人ホーム、養護老人ホーム、介護療養型医療施設利用者数を合算した。

（4）内閣府「令和元年版高齢社会白書」（概要版）（〔https://www8.cao.go.jp/kourei/whitepaper/w-2019/html/gaiyou/index.html〕［二〇二四年三月一日アクセス］）から筆者が計算した。

（5）例えば、Nancy J Donovan and Dan Blazer, "Social Isolation and Loneliness in Older Adults: Review and Commentary of a National Academies Report," *AM J Geriatr Psychiatry*, 12, Dec. 28, 2020.

（6）高齢者のＩＣＴ技術との関わりについて環境を自分でコントロールできることが重要だとする論考としては以下のとおり。Unai Diaz-Orueta, Garcia-Soler A, and Elena Urdaneta, "What elderly users do not want from technology: a qualitative approach," *Gerontechnology*, 9(2), 2010, p. 210, Unai Diaz-Orueta, Louise Hopper, and Evdokimos Konstantinidis, "Shaping Technologies for Older Adults with and without Dementia: Reflections on Ethics and Preferences," *Health Informatics Journal*, 26(4), 2020.

（7）Christine E Swane, "Old person's bodily interaction with media in nursing homes," *European Journal of Cultural Studies*, 21(3), June 15, 2017.

（8）Sarah Wagner, "The role of living environment in older adults media exclusions and attachments: A case study from Canada," International Association for Media and Communication Research (IAMCR) Conference, 2020.

（9）厚生労働省「介護現場におけるＩＣＴの利用促進」厚生労働省（https://www.mhlw.go.jp/stf/kaigo-ict.html）［二〇二一年十月三十日アクセス］

（10）人とまちづくり研究所「新型コロナウイルス感染症が介護保険サービス事業所・職員・利用者等に及ぼす影響と現場での取組みに関する緊急調査【事業所管理者調査】」二〇二〇年（https://hitomachi-lab.com/archives/317/）［二〇二四年三月一日アクセス］

（11）上野千鶴子『ケアの社会学――当事者主権の福祉社会へ』太田出版、二〇一一年

（12）前掲「高齢者入所施設における生活支援に関する研究」五ページ

（13）同論文三ページ

（14）本実践は、二〇一八年に大川情報通信財団の研究助成のもと、静岡産業大学情報学部の植松頌太氏（送出卓デザイン）と、京都市のソフトディバイス鈴木雄貴氏、三野宮定里氏（システムとデバイスデザイン）、社会福祉士の藤田正一氏（番組企画・制作）との共同でおこなった。実践後には入居者と施設スタッフらにインタビューをおこない、反省会での発言などとともにデータとして分析した。またこの実践は、アクション・リサーチの手法、とりわけメディアの潜在的容態を浮かび上がらせるとともに、その可能的容態を描き出すことで、新たなメディアコミュニケーションを提案する研究手法である批判的メディア実践のアプローチを用いておこなった。詳細については、水越伸編著『コミ

ュナルなケータイ――モバイル・メディア社会を編みかえる』（岩波書店、二〇〇七年）四六―六八ページを参照。

(15) 本書ではこうしたシステム部分について触れる紙幅がないため、双方向性を意識して開発したラジオデバイスなどについて関心がある方は以下を参照してほしい。小川明子／植松頌太／鈴木雄貴／三野宮定里／藤田正一「デジタル時代の施設型小規模ラジオ実践の試み」、社会情報学会中部支部／芸術科学会中部支部『第9回社会情報学会中部支部 SSICJ2018-1 第4回芸術科学会中部支部 合同研究会 論文集』所収、社会情報学会中部支部／芸術科学会中部支部、二〇一八年

(16) 当日ボランティアとして参加した龍谷大学の松浦さと子氏のコメントに示唆を受けた。

(17) 富永京子『みんなの「わがまま」入門』左右社、二〇一九年

(18) W・リップマン『世論』上・下、掛川トミ子訳（岩波文庫）、岩波書店、一九八七年

(19) ハンナ・アレント『人間の条件』志水速雄訳（ちくま学芸文庫）、筑摩書房、一九九四年、三二〇ページ。志水速雄訳のちくま学芸文庫版では「出現の空間」と訳されているが、ここでは、意味がわかりやすく、また通常用いられている「現れの空間」という訳を用いた。

(20) 前掲『公共性』三九ページ

(21) Juha M. Alatalo and Anna Ostapenko Alatalo, "Social Inclusion in Swedish Public Service Television: The Representation of Gender, Ethnicity and People with Disabilities as Program Leaders for Children's Programs," *Social Sciences*, 3(4), 2014.

(22) 当事者という用語について、社会学の立場から、中西正司と上野千鶴子は「ニーズを持ったときに当事者になる」と定義していて、社会政策などに対する何らかのニーズの自覚が当事者になるためには必要という立場を示している。本書でも、サービスやセルフヘルプ・グループの活動を必要とする

など、何らかのニーズを意識した人々を当事者として表記している。中西正司／上野千鶴子『当事者主権』（岩波新書）、岩波書店、二〇〇三年、九ページ
（23）当事者研究とは、当事者主権と方向性を共有しながら、自己決定だけでなく、自分の困難を自分で理解するために、同じような困難を共有する人々とともに「研究」という手法を用いて自分を再発見していく試みである。石原孝二編『当事者研究の研究』（シリーズ ケアをひらく）、医学書院、二〇一三年、一一―七二ページ
（24）Stella Young, "I'm not your inspiration, thank you very much," TED, 2014（ステラ・ヤング「私は皆さんの感動の対象ではありません、どうぞよろしく」TED、二〇一四年）（https://www.ted.com/talks/stella_young_i_m_not_your_inspiration_thank_you_very_much?language=ja）［二〇二一年十一月十五日アクセス］
（25）好井裕明「障害者表象をめぐり〝新たな自然さ〟を獲得するために」、荻野昌弘編著『文化・メディアが生み出す排除と解放』（「差別と排除の「いま」」第三巻）所収、明石書店、二〇一一年
（26）前掲『ケアの社会学』六八ページ
（27）T.Wang「新聞における発達障害の語られ方――ADHDのアドボカシー言説の分析から」名古屋大学大学院情報学研究科修士論文、二〇二二年
（28）石尾絵美「障害の社会モデルの理論と実践」「技術マネジメント研究」第七号、横浜国立大学技術マネジメント研究学会、二〇〇八年
（29）「三角山放送局」（http://www.sankakuyama.co.jp/contents/company/）［二〇二一年十一月十三日アクセス］
（30）北郷裕美「コミュニティ放送と広告――フィールドワークに基づいた地域メディア研究より」「北

海道地域総合研究」北海道地域総合研究所、二〇一一年、一五ページ

(31) その過程や決断についても本人が番組で語っている。「声を失ってもラジオを続けたい――ＡＬＳ患者のパーソナリティ米沢和也さんの挑戦」三角山放送局（http://www.sankakuyama.co.jp/contents/2017/03/22/005342.php）［二〇二四年三月一日アクセス］（「三角山放送局制作：声を失ってもラジオを続けたい――ＡＬＳのパーソナリティ米沢和也さんの挑戦」、らむれす編著『三角山放送局 読むラジオ――いっしょに、ねっ！：開局20年のキセキ』所収、亜璃西社、二〇一九年）

(32) 代表の杉澤洋輝氏へのインタビューによる。京都三条ラジオカフェ「三角山放送局に学ぼう――人に寄り添う発信」二〇二一年十一月十八日

(33) 前掲『被抑圧者の教育学』四七ページ

(34) 伊藤智樹「セルフヘルプ・グループと個人の物語」、日本社会学会編「社会学評論」第五十一巻第一号、日本社会学会、二〇〇〇年

(35) 岡知史「セルフ・ヘルプ・グループの働きと活動の意味」「看護技術」第三十四巻第十五号、メヂカルフレンド社、一九八八年

(36) Dan Goodley, “Locating self-advocacy in models of disability: Understanding disability in the support of self-advocates with learning difficulties,” *Disability & Society*, 12(3), 1997.

(37) Leonard A. Jason, “Using the media to foster self-help groups,” *Professional Psychology: Research and Practice*, 16(3), 1985, Leonard A. Jason, Patricia La Pointe, and Stephen Billingham, “The media and self-help: A preventive community intervention,” *Journal of Primary Prevention*, 6(3), 1986.

(38) Susan Forde, Kerrie Foxwell, and Michael Meadows, “Creating a Community Public Sphere: Community Radio as a Cultural Resource,” *Media International Australia*, 103(1), May, 2002.

(39) 小川明子「当事者が語る場としてのコミュニティFM――「誰か」とつながるラジオ番組制作」、メディア総合研究所編「放送レポート」第二百八十四号、放送レポート編集委員会、二〇二〇年

(40)「たんなん夢レディオ」(http://tannan.fm/)[二〇二四年三月一日アクセス]

(41) 浅野智彦『自己への物語論的接近――家族療法から社会学へ』勁草書房、二〇〇一年、六ページ

(42)「外在化」とは、マイケル・ホワイトが提唱した手法。問題を言語化したり、名前をつけたりすることで客観視できるようにすること。ある文化で問題とされる行動がほかの国では問題にされないことは山ほど存在する。その問題が文化や言説によって作り出されるのだとしたら、その問題を個人から切り離して客観的に見つめ直し、問題は個人に起因するものではなく、言説が作り出すと考え、問題とされることを当人とは異なる何かとして客体化して対処することを提唱した。詳しくはマイケル・ホワイト『ナラティヴ実践地図』(小森康永/奥野光訳、金剛出版、二〇〇九年)を参照。

(43) 執行猶予判決を受けた男性が出演したコミュニティラジオの番組を録音して何度か聞き直すという事例も報告されている。芳賀美幸「刑務所ラジオにみるリスナー参加の意義――豊橋刑務支所「リクガメ」の事例から」名古屋大学大学院情報学研究科修士論文、二〇二四年、四九ページ

(44) Frank Riessman, "The 'Helper' Therapy Principle," *Social Work*, 10(2), April, 1965.

(45) 香取淳子『老いとメディア』北樹出版、二〇〇〇年、二八三―二八五ページ

(46) アーノルド・ミンデル『ディープデモクラシー――〈葛藤解決〉への実践的ステップ』富士見ユキオ監訳、青木聡訳、春秋社、二〇一三年

(47) 大内斎之は、臨時災害FM局「おだがいさまFM」での方言の使用を分析して、放送での方言の使用が帰属意識を生み出すほか、孤立しがちな避難生活にそのイントネーションや音韻が精神的な安心や勇気を与える機能があることなどを指摘している。大内斎之「臨時災害放送局における方言利用の

意義に関する考察――福島県富岡町「おだがいさまFM」を事例として」、新潟大学大学院現代社会文化研究科紀要編集委員会編「現代社会文化研究」第五十九号、新潟大学大学院現代社会文化研究科紀要編集委員会、二〇一四年

［付記］高齢者施設内でのラジオ実践と『悩み続けるラジオ』の実践にあたっては、二〇一八年度ユニベール財団、二〇一九年度放送文化基金の研究助成金を得ている。記して感謝したい。

第6章　声のコンテンツとケア

　ここまで、イギリスと日本のホスピタルラジオの事例、そしてケアと声のコンテンツをめぐる二つの小さな実践事例を紹介してきた。第1章でも述べたように、日本の戦後のラジオは、テレビとは異なる新たなメディアとして、リスナーとの双方向的・参加型のコミュニケーション様式で展開してきた。これは世界的傾向に沿うものでもあり、イギリスで発展したホスピタルラジオも、ときにビンゴや病室でのリクエスト回収など独自の双方向性を生み出してきた。

　メディア社会学者でラジオ・パーソナリティー経験もある北出真紀恵は、これからのラジオに期待されていることは、他メディアとの連携を含む「双方向性」であり、「対話性」であり、〝広場〟的なコミュニケーションであると述べている。(1) 多様なコミュニティメディア研究を続けてきた金山智子もまた、インタラクティブ性にその特徴を見いだし、ラジオには、語る人たちと聞く人たちの間に相手の立場を先取りするフィードバックが存在していて、そのフィードバックこそがケアコミュニケーションの核心に迫る鍵になりうると述べている。(2) 本章では、ここまでみてきたような小さな声のメディアが紡ぎ出すこうした双方向的なコミュニケーションが、病や困難を抱えた人々のケアにどのような意味をもつのか、対話とナラティブ・アプローチの視点からあらためて考えてみたい。

1　〈対話〉という根源的ケアの重要性

ホスピタルラジオや小さな声のコンテンツをケアとの関わりについて、フョードル・ドストエフスキー評論で有名なロシアの思想家ミハイル・バフチンの対話をめぐる論考を手がかりに、もう少し掘り下げて考えてみよう。ロシア文学者の桑野隆によれば、バフチンにとっての対話とは、向かい合っておこなう言葉を用いたものだけを意味するのではなく、自分自身の内面で繰り返される自分との対話、ひいては小説をはじめとするさまざまなメディアを介して他者との間でおこなわれる応答的な相互作用など、「ことばを用いるか否かに関係なく、人が相手に呼びかけ、相手がそれに応答するような関係一般(3)」を指している。バフチンによると、そうした他者とのやりとりを意味する〈対話〉（バフチンが用いる「対話」を以下、このように表記する）は生きることと不可分で、人間の生は他者との〈対話〉、すなわちコミュニケーションを通した他者との関わりのなかにこそある。またバフチンは、「資本主義社会が特殊な型の出口のない孤独な意識のための条件を作り出した」と述べ、現代社会では自分一人で生きていけるという幻想が生み出され、〈対話〉が軽視されたことで、人間の疎外状況が生み出されていると批判している。[4] このように、人間を自立した個とみなすのではなく、相互依存的な存在として認識する彼の視座は、人間を、根本的に弱く、互いに依存する存在として捉え、他者への配慮や社会的責任を重視する「ケアの倫理」[5]の問題意識とも共通する。

話は少し逸れるが、筆者は十年ほど前に、タイの農村で、HIV（エイズウイルス）に罹患した女性自助グループの聞き取り調査に同行した経験がある。そのとき、想像とは異なって彼女らの表情はとても明るく、私たちと変わらないおしゃべり好きな人たちだった。日本側の研究者が一人暮らしの患者が孤立しがちではないかと問うたとき、彼女たちは、なぜ患者が孤立するということがあるのか、誰もが育った家族をもち、自分も家族をもち、そうでなかったとしても、それまでの人生で出会った友人や知人が何人かは助けてくれるではないか、と逆に問い返された。

現代社会では、確かに医療技術も福祉制度も向上を重ね、病院でも高齢者施設でも、身内に頼らなくても生きていける制度や仕組みがおおむね整い、「ケアの社会化」が進んだ。そのことは本人にも家族にも多大な安心感を与えている。だが一方で、致し方ないこととはいえ、健康管理が至上命題になってしまい、患者や入居者のコミュニケーションや生をめぐる悩みは二の次にされがちである。しかし当人にとっては、病そのものよりも、生きる意味の喪失や長く親しんできた人間関係を失うことのほうが重要な問題になるのではないか。

生きることは〈対話〉に参加することだというバフチンの言に従えば、病や死といった困難を抱え、孤独な状況に置かれた人々の〈対話〉のありようにもっと関心が払われてもいい。〈対話〉を遮られる状況に置かれた患者たちに、間接的な〈対話〉を提供することでその生を支えようとして展開してきた小さな声のメディアの試みは、現代の日本に必要とされているのではないだろうか。

2　応答という「救済」——ナースコールとしてのホスピタルラジオ

〈対話〉を重視するバフチンは、「言葉にとって（したがってまた人間にとって）応答がないことほどおそろしいことはない[6]」とも述べている。LINEの既読スルーや無視が社会的に話題になって久しいが、いうまでもなく、悩みや不安を抱えたとき、誰からも応答がないことは精神状態の不安定化を招く。

第3章で触れたようにイギリスのホスピタルラジオ協会の調査で生放送の番組中はナースコールが減るという事例があったが、何か特別に言いたいことはなくても、誰かが自分の言葉に応答してくれるはずという前提は安心感につながるだろう。メディア社会学の加藤晴明は、メディアコミュニケーションには、さまざまな困難から解放され、「自己の再生」を促す「救済」機能があると指摘した。「救済」というと大げさに聞こえるが、誰かが自分の発話を聞き届け、応答してくれることは、自分の存在が認められていると感じることにつながる。そして自己の再生のためには、何らかのメディアを介して、自己を「受け容れ、寄り添い、限りなく支えてくれる「承認」する他者[7]」が必要とされていると論じている。

毎晩、あるいはいつでも自分のリクエストやメッセージに応答してくれるイギリスのホスピタルラジオは、患者にとっての精神的なナースコールといえるかもしれない。自動送出であっても二十四時間放送をしているのは、たとえ疑似的でも誰かがそこにいてくれること自体に意義があると自覚しているからだろう。リクエスト曲を流してくれること、自分のメッセージを名前やペンネームを呼びながら紹介し、自分に向けて語りかけて応援してくれるということは、ベッドで病気を抱えて一人横たわる自分の逡巡や存在自体を認めてもらう「救済」といえるかもしれない。深い理解が必ずしも必要なわけではない。状況に配慮しながら「聞いているよ」と語りかける近すぎない関係がラジオにはある。

精神科医の帚木蓬生は、どうにも答えが出ない、どうにも対処しようがない事態に耐える「ネガティブ・ケイパビリティ」の必要性を論じているが、例えば、誰かが病人の苦しみから目を離さずに「あなたの苦しみはよく分かっている」「奮闘ぶりもよく知っている」というメッセージを伝えると病人はもちこたえることができ、苦難を乗り越えられるのだと述べている(8)。イギリスのホスピタルラジオや「フジタイム」は、まさしく患者だけを対象にしたメディアであり、患者たちに明るく呼びかける。誰かが自分たちの苦しみを知っていると感じられること、そして自分たちの回復のために手間をかけて番組を制作していることがわかれば、闘病以外にも、さまざまな困難を乗り越えようとする患者たちの支えになるだろう。

3　リクエスト――見えない他者との連帯

本書では音楽が患者に与えるケアについては十分に触れられなかったが、イギリスでのホスピタルラジオでは、患者のリクエストにできるかぎり応答することが一義的なケアの行為として認識されていた。音楽そのものが人を癒やしたり、その曲がはやったころの懐かしく楽しい思い出を喚起することで患者たちをケアしたりする以外にも、リクエストは他者とのコミュニケーションを開いていく一つのきっかけになると認識されていた。

まず、自分の思いをメッセージに書けなくても、リクエスト曲を選定することは、自分の心情を歌詞で伝えたり、現在の自分やほかの患者を励ましてくれる内容を共有したり、同世代の患者たちとの「われわれ意識」を高めてくれる「コモン・ミュージック」[9]で懐かしさを共有したりと、思い出や思いを同じ病院のなかで同じような経験をしている見知らぬ患者たちと交わすコミュニケーション行為でもあった。そしてリスナーにとっても、流行曲を聞くことは、当時の自分の生活や経験を一瞬にして思い出すことでもあり、同世代を生きた人々との見えない連帯へと誘われる経験であるといったら言い過ぎだろうか。そのコミュニティに属する人にしかわからない気持ちを共有する手段として音楽は有効だ。東日本大震災直後、ある保育園から岩手放送に届いたテープに録音されていた園児の合唱「空より高く」を放送したところ反響を呼び、ヘビーローテーションになったという出来事[10]も思い起こされる。リクエスト行為もまた、誰かとの対話なのだ。

4　メッセージ――未来に向けたセルフ・ナラティブの構築

ラジオに向けてメッセージを書くという行為も、病と向き合う患者たちにとっては自らを癒やす行為になりうる。倫理学の川本隆史は、「ケアの倫理」について、「葛藤状態にある複数の責任と人間関係のネットワークを重んじ、文脈＝情況を踏まえた物語り的な思考様式[11]」によって当該問題に接近しようとするものと説明している。ここで、物語＝ナラティブがケアの倫理の中核に置かれている点に注目したい。メッセージをラジオに投稿するということは、他者に対して自分の経験を因果を伴うある種の物語として語ることであり、それは、物語として経験を意味づけ、その経験を踏まえて未来像を描くことだと考えられる。

あらためて説明しておくと、ナラティブや語りに対しては、二〇〇〇年以降に医療や心理、ソーシャルワークの領域で問題を抱える人々へのケアという視点から注目が集まった。社会学でも、〇〇年代以降、自己とは物語によって生み出されるとする「自己物語論」に注目が集まり、浅野智彦が、人生でのさまざまな「エピソードの選択と配列」を通じて自分自身について語ることによって「私」が生み出されていく[12]と論じて注目された。

こうした理論を応用したナラティブ・アプローチでは、起こった出来事は変えることができないが、言語を用いて語ることで意味が構成・再構成されると考える。その際、重要なのは筋立てである。例えば、「王が死んだ。女王が死んだ」では何の意味ももたないが、「王が死んだ。悲しみのあまり女王が死んだ」と任意の因果関係を示すと、聞き手は出来事に意味を感じ取り、納得する。本来、女王の死には直接・間接の死因が無数にあるはずだが、任意に要素を選び取って因果関係を示すことで意味が創出され、納得しやすくなる。弁護士や刑務官などの話によれば、殺人事件などは多様な動機や偶然が運悪く折り重なって起こるのであり、本来調書に書いてある単純な因果で説明できるものではないという。しかし読者や視聴者は、不可解な事件を納得させてくれる生い立ちや殺人にいたる「物語」を求める。日常生活でも同様だ。あのとき私が子育てから目を背けていたから子どもが受験に失敗した、私が困難に陥ったのはあの上司がひどかったからだ、など、無数にあるはずの原因のなかから任意に選び取って因果として結び付けられた物語は、ときにその人の思考、さらには行動を拘束する。

野口裕二は、「物語」が混沌とした世界に対して意味の一貫性を与えてくれるのであり、現実が理解できないときは適当な物語が見つからない状態にあるのだと述べる。そして、とりわけ医療や福祉など臨床の場は物語が展開する場だとして、ナラティブに目を向ける重要性を指摘している(13)。入院患者たちもまた、なぜ自分が病気になったのか、この先の人生がどうなるのかと、専門家である医者にさえわからない、答えが見いだせない独自の問いを抱きながら入院生活を送っている。病は、それまで信じていたこと、当たり前だった生活について変更を迫り、自分が生きる意味や親しい人々との関係性を見直すように迫る。しかし、それまで自分の人生に疑いを抱かなかったならなおさら、自分の理想や生活様式、人間関係などを見直すことは難しい。

「フジタイム」に寄せられたメッセージからは、誰に向けて発したらいいのかわからない悩みや思いを他者に向けて整理し記述していくことで、その経験を自分の人生に新たに意味づけ、納得しようとする様子が見て取れた。患者たちは迷いや悩みを感謝とともにパーソナリティーやほかの患者へのメッセージにしたためることで気持ちを整理する。そして、「この経験をもとに、退院したらボランティアをしたい」「愛猫に会うために頑張る」などの任意の事象を選び取ってつなぎ合わせ、未来に向けての新たな決意として表現することで闘病の経験を意味づけ、自ら納得しようとしていた。ラジオへのメッセージを書くことは、患者たちの場合、病の経験を整理して自らを納得させる行為でもある。そして、病院関係者や同じように闘病生活を送る患者たち、パーソナリティーなど、誰かに聞いてもらうことで、新しく構築した自己のありよう（退院後の自分）を受け止めてほしいという承認を求めているのかもしれない。

5　新たな自己物語を構築するための〈対話〉

「フジタイム」のメッセージカードには、「がむしゃらに頑張ることが自分の使命」と考える自己像から、「身体を大事にしなかったから病気になったのであり、今後は助けてもらった病院関係者の厚意に報いるためにボランティアをしながら適度に頑張る」といった物語への転換がよくみられた。これは困難な出来事の「意味づけ」を変えることで新たな自分への生まれ変わりを促すナラティブ・セラピーとも通じる。ナラティブ・セラピーは、不可解な経験を物語化することで事態を意味づけて納得したり、語り手が依拠する問題含みの物語を質問や対話を重ねることで外在化（問題を言語化したり、名前をつけたりすることで客観視できるようにすること）したり、例外的結果の発見（問題になっていることとは異なる結果を見つけ出す）を促したりしながら、出来事の新たな解釈やポジティブなオルタナティブ・ストーリーの構築を手助けする理論と実践である。

ナラティブ・セラピーが専門家によって実践されていることからわかるように、自己物語の書き換えはさほど簡単なことではない。一人で考えていても、自分の思い込みから逃れられなかったり、家族と対話しても互いの期待がすれ違って行き詰まったりする。すなわち、悩みを抱えるということは、自己物語の書き換えがうまくいかず、困難な状況に置かれ続け、対話、とりわけ内的対話が行き詰まった、自己物語の宙吊り状態ともいえる。特に、自分や親しい人々の病や死という喪失を伴う一大事に直面すれば、人生そのものの意味を見失ってしまうような事態に置かれかねない。その状態にあって、信じて疑わなかった未来像の変更、言い換えれば、自分が信じてきた自己物語のエピソードの選択や配列の変更、書き換えを求められても、簡単には答えを出すことができないだろう。

そこで求められるのが、専門家のカウンセリングやセラピーになるのだろうが、そうした専門家がすぐに見当たらない場合、あるいはそうでなくとも、必要なのは、その思い込みをずらしたり、異なる視点から解決してくれたり、新たな解釈を提案してくれたりする、自分とは異なる視座を有する他者からのアドバイスや対話ではないだろうか。しかし家族や親しい人々に語ることは、双方の期待と相反することもあって思いのほか難しく、また自分とよく似た考え方をするために、かえって、生き方を修正してくれるようなアドバイスが得られにくいかもしれない。また、個人主義化が進む現代社会では、困難に陥ったときにこうした対話の相手を見つけること自体が難しくなっている。

そんなとき、ラジオなど声のコンテンツで取り上げられる他者の体験談や困難を転化した笑いで、内的対話を再活性化させられるのではないか。第1章で触れた藤竹暁の「納得のいく人生の断片を語り手の音と声から拾い、胸の中で温め、展開すること」で「自分を癒したり、励ましたりするイメージを描く[14]」という一節をナラティブ・アプローチに照らして考えてみよう。悩みを抱えた人々が、ラジオのトークやメッセージのなかに、自分と同じ苦しみや喜びを読み取る。それとともに、自分が進むべき道や自己像を新たに書き換え、再生の物語を立ち上げていくうえで役立つ要素（エピソードの選択や配列の事例、解釈や考え方の転換、転回のアイデアなど）を見つけ出す。つまりラジオは、再生に向けた新たな自己物語を創り上げるヒントを得る場になると考えることができる。

『みんなでひきこもりラジオ』で語られるちょっとしたアイデアや考え方のコツ、「フジタイム」で語られる患者の闘病の経験談や考え方の変化、『悩み続けるラジオ』で笑いとともに語られる困難の原因や未来像などが、ネガティブな思いにとらわれがちな人々の内的対話に風を吹き込み、新たな自己物語の構築に寄与できる可能性がある。例えば二〇二三年八月十六日放送のＮＨＫ『病院ラジオ』では、理不尽な事故にあった女性が、病院関係者から「事故のせいだと考え始めると、すべてのことを事故のせいにしてしまうので、事故のせいと考えてはいけない」と諭されたと語っていたが、こうした考え方もネガティブな思いにとらわれがちな患者たちがオルタナティブな未来像を描いていくうえで役立つナラティブかもしれない。東日本大震災に際して全町避難を余儀なくされた富岡町で立ち上げられた「おだがいさまFM」では、一年ほどたったときに「情報がない」という声が聞かれるようになった。何が足りないのか調べてみると、日常生活でやりとりしていた人に関する情報がないことで孤立を感じていたのだという。そこで、このラジオを担当した吉田恵子は、町民たちをスタジオに招いて何をしているのかを語ってもらうことで、聞いている人が自分もそこにいってみたい、やってみたいと思えるように背中を押すことを心がけたという。[15]

6　ケアしあうナラティブ

このように考えると、メッセージはパーソナリティーやリスナーに聞かれ承認されるだけでなく、ほかの患者や困難に苦しむ人たちの生を支えることもある。病気や困難に苦しむときに人々が求めるのは、生存率や治療法同様、たとえ確率的に低くても、よく似た体験をした人の復活のストーリーや困難な経験を意味づけてくれる他者のストーリーではないだろうか。

臨床心理学者の河合隼雄は、現代社会で生きる意味の喪失が叫ばれる理由として、物語がマスメディアによってある種独占的に語られるものになってしまっていて、現代社会では人々が物語行為から疎外されるという「ものがたりからの疎外[16]」が起こっていることを指摘した。人々は、本来、語り合って生きていくものだから、他者の物語は、それを聞いた人々にも蓄積される。そして病気になったとき、何か仕事を始めなければならなくなったとき、そうした他者の物語の結末が自分の決断にも少なからず影響を与える。しかし、こうした身近な人々との間に育まれる物語の空間が減少しているというのだ。また、『物語としてのケア』を書いた野口裕二は、一対一の語りだけでは不十分だとして、聴衆が存在し、新しい語りが共有されて定着していく空間として、「ナラティヴ・コミュニティ」の必要性を提起している。[17]

ラジオの参加型番組や投稿には、ラジオネームという適度な匿名性をまとって多様な人物が自ら経験を語ることができる「広場」性があることが数々の論者から指摘されてきた。決して制度的な意見表明の場ではないが、アレント的にいえば、多様な人々がそこに「現れ」、人々のさまざまな背景を伝えるとともに思いや意見を交わし、他者を理解しあうことができる空間になりうるのではないだろうか。

バフチンは、通常、ほかの小説では作者が特権を駆使して登場人物を単純化し、一方的な見方で表現するのに対し、ドストエフスキーの小説では、登場人物が「自立しており、融合していない複数の声や意識、すなわち十全な価値を持った声たちの真のポリフォニー[18]」が成立している点を高く評価した。バフチン研究の桑野隆によれば、バフチンによるドストエフスキーの評価には、登場人物を個別人格として扱わずに「物象化」しているほかの小説への批判があると説明している。[19]

こうした批判は、私たちが見聞きするメディア表現一般にも当てはまるだろう。どんなに多様な人物が登場するテレビドラマやドキュメンタリー番組でも、各登場人物は制作者の視点から決まった性質や役割を担わされて一面化されてしまい、ときにステレオタイプ化されて描かれる。時間と空間が制限されるメディア、とりわけテレビでは、人物の多面性や可変性は表現しづらく、また多くの視聴者が簡単に理解できるような演出や編集が施されてしまうことが多い。そして、支援者、つまり多数の人たちがいいと考えるようなパターナリスティックな表現が採用されることも少なくない。患者や高齢者は、一人ひとりの生きざまや思いを表現するばかりでなく、多くがステレオタイプ的な分け方をして患者・高齢者などとひとまとめに表現されていることにも気づく。

それと比べると、ラジオに登場する人たちは比較的ポリフォニー的な存在なのかもしれない。NHKの『病院ラジオ』や『みんなでひきこもり』に出演する人々は、質問を投げかけられたり投稿したりする際に、ステレオタイプ化されない独自の「現れ方」をする。『悩み続けるラジオ』の出演者も、依存症のステレオタイプとは異なる独自の経験や思いを語り、聞き手の認識を変えていった。だからこそ、こうした番組のリスナーたちは想定外の他者と出会うことを期待する。ステレオタイプ化されない当事者一人ひとりの声や経験を聞いて、私たちは常識やステレオタイプ的な理解を覆され（だからときに笑い）、表面的な同情や憐れみとは異なるかたちで他者を理解するきっかけを得る。そしてその経験は、自分とは異なる生の存在や意味づけを知ることであると同時に、自身の思い込みを排して再生の自己物語を構築するヒントにもなる。

人間は、健康であっても裕福であっても、程度の差こそあれその人なりの艱難辛苦を経験し、自分と同じようにつまらないことで悩み、同じようなことに喜びを見いだす存在だ。現代社会は分断の時代といわれるが、そうした人間としての共通の基盤を有しているという感覚が、現代の日本では十分に養われておらず、そのために偏見や差別へとつながっているように感じる。私たちは見た目やその人の立場から判断して勝手に思い込んで、自分とは異なる「他者」として切り分け、関心をもたないことでなんとかやり過ごそうとする。しかし、それまで自分が置かれてきた環境では出会ったことがないような他者と出会い、その人の困難や苦しみを理解し、よりよい対応や関係性を追求することは、他者をケアするだけでなく、自分の思い込みや凝り固まった思考をもみほぐしてよりよい生き方を探ることにもなるのだ。ケアの倫理の本質は、人間を自立した個人というよりも依存的な存在として認識し、そのつながりを重視するところにある。

当事者による闘病記などについて論じた小平朋江といとうたけひこは、闘病記をつづることは、「ことばを通して誰かと何かを共有できるようになること」であり、読み手にとっては、「闘病記の作者との間で対話がなされる」ことだと論じている。そして、「闘病記を通して、対話することで気持ちや情報が共有され、コミュニティを形成しているると言えるのではないだろうか[20]」と述べている。

ホスピタルラジオを含むトークラジオ、声のコンテンツも、人間の弱さを認め合い、互いにケアしあう身近な物語の広場、物語空間になれる。人生のどん底にあると感じている人たちは、他者の闘病記や克服の物語、彼らの人生での新たな意味づけに触れることで、自分の未来にも希望を見いだし、自分自身のこれまでと今後を新たに結び付けて、自らを奮い立たせる物語作業を必要としている。同様の困難を乗り越えた他者、あるいは自分とは違う世界を生きている他者の言葉や物語こそ、新たな人生の意味づけに必要なのだ。『悩み続けるラジオ』でもみられたように、自分が克服できたと感じたとき、他者を励ましたいと願い、その経験を誰か必要とする人に伝えることで自らが満足感を得るという循環型のケアが成立する。

7　ケアされるボランティア

ホスピタルラジオのリスナーたちが互いに対話やナラティブによってケアされるのと同様、そのメッセージを受け止めるパーソナリティーの側もまた、自分の言いたいことを聞き届けてくれる患者や応答してくれるリスナーがいるという意味で、メディアを介した自己表出の機会を得、結果的には自己承認をめぐるケアの恩恵を受けている点を忘れてはならないだろう。メディアに登場することは、いつもは受け手である人たちにとって送り手の立場になるという一種の快楽でもあり、自分の語りを聞き届けてくれる他者を得る機会でもある。スタジオで、マイクの前でしゃべってみたいという欲望や、いずれ一流のパーソナリティーとして活躍したいという欲望に応えてくれるイギリスのホスピタルラジオではなおのこと、まさしく快楽を与えてくれる仕組みにもなっている。第3章で紹介したエジンバラのホスピタルラジオのボランティアが、ただ放送していても素人の放送なんて聞いてもらえない、一人ひとりの患者とコミュニケーションをとってこそようやく聞いてもらえるのだと発言していたことを思い出してほしい。よほど話が上手だったり、選曲が優れていたりしなければ、番組を多くの人に聞いてもらうことは一般には難しいだろう。

さらに付け加えるならば、ボランティアや語り手たちは、利他的な活動に関わることで自らも満足を得ている。安島進市郎はロバート・A・ステビンズの「敬虔なレジャー」という例えを引用して、ボランティアを、活動という対価を支払ってボランティア・プログラムを利用する顧客として捉える見方を提示している。実際、職場で新たな関係性を得たり、自分自身の生きがいを見つけることができたり、活動について感謝されたりする経験が満足につながったりするというデータもある。[21]イギリスのホスピタルラジオでも「フジタイム」でも、患者をケアしようという利他性だけが目的ではなかった。ほかのボランティアと知り合ったり自身が楽しめたりする活動だからこそ多くの人が長く参加できるのだ。繰り返せば、自己満足だとしても、こうした互恵性のうえで成り立っていることは、活動を継続するためにはきわめて重要である。

8 第三者による社会的処方——非職業・非家族としてのケア

一般的にケアといわれるものは、医療や福祉などの専門職によるケアや家族による無償ケアを思い浮かべることが多いだろう。しかし、本書で扱った事例は、必ずしもケアの専門職や家族によるコミュニケーションやメディアではない。藤田医科大学や福祉施設などの事例では部分的に専門職が関わり広報担当者が監修しているものの、イギリスのホスピタルラジオはすべて住民ボランティアで運営しているし、「フジタイム」のスタッフは事務職や学生も多い。コミュニティFMの『悩み続けるラジオ』は、同じような経験をしている人々がサポートしあって作り上げるコミュニケーションの試みである。

自分とは異なる多様な声や経験を聞くことは、長い目でみて有益という指摘がある。ケイト・マーフィは、多くの人の話を聞けば聞くほど、人間がもつ多様な側面に気づくようになり、人生で出会う複雑な状況や人への理解を深めることができ、そして人生のなかで集める物語が私たちの人となりを作り、現実世界の足場になっていくと述べている[22]。考えてみれば、雑談――すなわち他者の経験の物語――の空間は、とりわけコロナ禍以降は著しく減少しているようにみえる。言い換えれば、従来は家族や地域コミュニティのなかでおこなわれてきたケアが近代化に伴って制度化・社会化され、日本でも介護保険制度などの有用な制度が創設されてきた。入院や介護、育児に関して、身体的・物理的なケアそのものは十分とはいえないまでも制度で補塡されている。しかし一方で、昔からおこなわれてきた慰めや励まし、愛情のやりとりなどの精神的ケアへのニーズは、潜在的に存在するとされながらもさほど重視されないままである。支援システムが整っても、精神的ケアを担うのは家族か専門家のどちらかになることが多く、家族もまた、日々の生活での忙しさのなかで精神的なケアのニーズに十分に応えられていないことに罪悪感を抱きがちだろう。数十年前であれば近所の人や親族などが見舞いに訪れて気晴らしになることも少なくなかっただろうが、核家族化・少子化が進む現在はそうした付き合い自体が減少していて、患者だけではなく、家族の孤立感も高まりかねない。

「フジタイム」のメッセージでみたように、患者や高齢者も、家族や親しい相手を困らせたくないからとネガティブな思いを吐き出しにくいことがあるだろう。親密な家族や友人とも、また医療や福祉のプロとも違う存在だからこそ吐き出せるような家族や親密な関係の人、つまり相手を傷つけたり困らせたり巻き込んだりすることなく自由に話ができる第三者との自然な関わりが求められているのではないだろうか。イギリスのホスピタルラジオでもボランティアから病状を聞くことは禁止されているが、患者の側からそれについて話してくるケースも少なくないということだった。自分たちのために準備された安心できるコミュニケーション空間の存在意義は小さくないだろう。実際、「フジタイム」に寄せられたメッセージからも、入院中の悩みやちょっとした愚痴を紛らわせる手段や場所が意外と少なく、同じような境遇にいる患者たちが適度に関わり合える場所、誰かが耳を傾けてくれるツールとしてラジオが重宝されている様子がみえてきた。さらに「ついのすみか」としてそこで暮らしていかなければならない高齢者施設では、いさかいを恐れて適度な距離感で付き合っていくことが求められるから、そうしたなかで関わり合える媒体としてラジオを求める声もあった。もしかすると、関わり合いすぎて他者を傷つけたくない、自分も傷つけられたくないという状況は、施設だけでなく、一般の近所付き合いなどにも当てはまるかもしれない。「ヤマアラシのジレンマ」は、高齢者施設に限らず、現代社会のそこかしこに存在している。

第三者が適度な距離感でケアに関わるには、ケアを家族や専門職だけに担わせず、問題を抱えた当事者が、家族だけでなく他者や社会とのつながりを保ち続けるようにすることが必要だ。こうした視座はイヴァン・イリッチの思索を想起させる。彼は、本来は人間的成長や他者との関わりをもたらす痛みや苦しみが医療システムの成立と発展によって取り除かれ、人間の自律性が失われていくことに対して警鐘を鳴らした。当人にしかわからないはずの痛みを本当には理解できなくても知覚できることこそが人間的であり、痛みをはじめとした苦痛の他者理解を可能にするのが文化であるはずなのに、専門的に組織された医療産業と公的システムは、「避けがたくしかもしばしば癒えない痛み、損傷、老衰、死を受け入れる能力をダメにして」しまったと述べる。[23]彼の指摘は極端かもしれないが、「ケア」が外部化・制度化され、医療や心理、介護の専門職に任せることだけを追求しがちな現代社会にあっては、痛みや苦しみを通して他者とつながるという視点は、孤独やケアの問題を考えるうえであらためて意味をもつのではないだろうか。実際、医療・看護倫理が専門の宮坂道夫は、ここまでに何度か言及したように、患者の生活機能や人生史の領域で生じている問題への対処方法などは、職業的ヘルスケアの専門家が必ずしも「正解」を知っているとはいえず、そのような状況での「正解」は、ケア者と被ケア者との間でおこなわれる対話によってだけ導き出されることができるという前提に立ち、協働的に取り組む姿勢が必要だという。[25]

イギリス政府は孤独対策として、「社会的処方（Social prescription）」の充実・強化を提唱している。社会的処方とは、社会的・感情的・実用的ニーズに対するサポートやサービスを人々に紹介することを指す。[26]具体的には、医院をはじめとする医療現場などで積極的に、芸術・表現活動やスポーツ、雇用や住宅をめぐる相談窓口などを紹介して活動団体などにつなぐことが想定されている。

日本でも、二〇二三年五月に孤独・孤立対策推進法が成立した。元気な高齢者の孤独を癒やす場として地域の医院の待合室が有用、という笑えない風刺があるが、求められているのはこうした社会的処方なのではないだろうか。テレビやウェブ上のエンターテインメント、あるいはマスメディアであるラジオが提供するプロの笑い話や興奮するようなドラマも、現状の苦境を忘れ、目の前の苦しさから逃避させてくれるうえで間違いなく有用だ。またカウンセラーや心療内科医などの専門家も増加し、気軽に相談できる制度もずいぶん整ってきた。しかし専門機関や専門職ではなくても、一人で考えていると負のスパイラルに陥りがちな悩みや愚痴を同じような経験をしたことがある誰かに聞いてもらう、あるいはほかの人の経験談を聞いて悩んでいるのは自分だけではないと感じて状況の新たな捉え方を知ることで心が落ち着くというように、ラジオや声のコンテンツを介した第三者同士のコミュニケーションが現代社会で果たせる役割も小さくないだろう。

注

(1) 前掲『「声」とメディアの社会学』一六〇ページ
(2) 前掲「ケアメディアとしてのラジオ」八四ページ
(3) 桑野隆『生きることとしてのダイアローグ――バフチン対話思想のエッセンス』岩波書店、二〇二一年、四ページ
(4) 同書一一〇―一一一ページ
(5) 前掲『ケアの社会倫理学』
(6) 前掲『生きることとしてのダイアローグ』四七ページ

（7）前掲『メディアと自己語りの社会学』一八七ページ
（8）帚木蓬生『ネガティブ・ケイパビリティ――答えの出ない事態に耐える力』（朝日選書）、朝日新聞出版、二〇一七年、一〇〇―一一七ページ
（9）前掲『メモリースケープ』五―六ページ
（10）姉帯俊之「ローカルラジオの使命とその検証――三・一一東日本大震災」、丹羽美之／藤田真文編『メディアが震えた――テレビ・ラジオと東日本大震災』所収、東京大学出版会、二〇一三年
（11）前掲『ケアの社会倫理学』二ページ
（12）前掲『自己への物語論的接近』六ページ
（13）野口裕二『物語としてのケア――ナラティヴ・アプローチの世界へ』（シリーズ ケアをひらく）、医学書院、二〇〇二年、二三ページ
（14）前掲「ラジオは人間の鼓動を伝える」七一ページ
（15）「おだがいさまＦＭ」の立ち上げと運営に関わった吉田恵子へのインタビュー（二〇一七年十一月十七日）。
（16）河合隼雄『物語を生きる――今は昔、昔は今』小学館、二〇〇二年、一四―一七ページ
（17）前掲『物語としてのケア』
（18）ミハイル・バフチン『ドストエフスキーの創作の問題――付：より大胆に可能性を利用せよ』桑野隆訳（平凡社ライブラリー）、平凡社、二〇一三年、一八ページ
（19）前掲『生きることとしてのダイアローグ』三四ページ
（20）小平朋江／いとうたけひこ「「当事者が主人公」の実践のあり方を考える――統合失調症当事者によるナラティブを手がかりに」「東西南北　和光大学総合文化研究所年報２０１１」和光大学、二〇一

一年、一三七ページ

(21) 安島進市郎「満足志向のボランティア・マネジメント」、一橋大学一橋学会一橋論叢編集所編「一橋論叢」二〇〇二年十一月号、日本評論社

(22) 前掲『LISTEN』

(23) イヴァン・イリッチ『脱病院化社会——医療の限界』金子嗣郎訳（晶文社クラシックス）、晶文社、一九九八年、一〇八—一一〇ページ

(24) 同書九九ページ

(25) 前掲『対話と承認のケア』二四七—二四八ページ

(26) UK Department, *op.cit.*, p.25

終章　再び、これからのラジオ

第1章でも述べたように、スマホやスマートスピーカーで聞けるポッドキャストを媒介に、「声のコンテンツ」に関心が高まっている。筆者は子どものころからずっとラジオとともに生活してきたので、ラジオがテレビと比較されて、放送産業で過小評価されつづけてきたことに軽い憤りを感じて生きてきた。

確かに日本はラジオ聴取率がきわめて低い。そのことが「フジタイム」聴取にとっての課題ともつながっていると感じる。若い人に聞くと、「ラジオは面白そうだが、何でどうやって聞けばいいのかわからない」のだそうだ。ＮＨＫ放送文化研究所が二〇一五年におこなった調査(1)では、現在ラジオを聞く習慣がない一都三県在住の十五歳から四十九歳の男女九百九十六人に一日合計三十分以上、合計三日以上ラジオを聴取してもらったところ、九四パーセントが今後も聞きたいと述べ、七五パーセントが二週間後も聞き続けていたという。広く聴取される可能性がこんなにもありながら、現状をみると、ラジオ業界がこれまでいかにリスナー獲得に無関心だったかがわかる。

海外、特に欧米では事情は異なる。リビングとダイニングが空間的に離れていることや、車通勤時に運転しながら聞くことが多いからか、アメリカでは二〇二三年には十八歳から三十四歳で八五パーセント、ほかの年代では九〇パーセント以上が一カ月のうちにラジオを聴取する時間があるという回答だった。(2) 本書でも述べたように、イギリスではラジオのデジタル化にまで踏み切り、とんでもなくたくさんのチャンネルが電波で聞ける仕組みが整っている。翻って日本の現状をみると、二〇二〇年のラジオの行為者率（十五分以上継続）は九・八パーセント(3)と、かなりの「伸びしろ」がある。

ホスピタルラジオもそうだが、「声のコンテンツ」はデジタル時代になってより手軽に作成できるようになった。実際、日本でも、ポッドキャストリスナーの一三・五パーセントは配信経験者で、うち八〇パーセントが三十歳以下という驚くべき数字もある。(4) 国家による免許と放送法の規制がある地上波ラジオやコミュニティラジオとは異なり、電波申請も大掛かりな機材も必要なく、時間や地域を超えて広く自由に発信できるアプリが登場し、配信までスマホ一つでおこなえ、手続きもきわめて手軽になった。ポッドキャストは、限られた領域の話題を求めている少数の人たちにもアプローチできる「ロングテール」にも貢献しているという。(5) スマホ一つで世界中に向けて発信できるポッドキャストやツイキャス（TwitCasting）、あるいは日本では早々に人気がなくなったが、クラブハウス（Clubhouse）などを用いれば、ホスピタルラジオと同様の番組や第5章で紹介した高齢者施設内ラジオのような仕組みもきわめて手軽に作ることができるようになった。ポッドキャストを始めた動機について尋ねた海外のサーベイでも、(6)「ラジオをやってみたかった」という理由が最も多く、誰でも参入できる参加型メディアとして認知されつつあることから、電波を用いたラジオを超えて「双方向」の「声のコンテンツ」メディアとしての盛り上がりを見せている。

その一方で、一九九〇年代以降、各地で防災などを目的に設立されてきたコミュニティFMのなかには、予算削減や広告減収などで苦境に立たされているところも多い。コミュニティFMは、立派なスタジオや送信設備をもち、プロフェッショナルな音響技術や地域取材網を有し、生放送、さらにメールやソーシャルメディア、電話を活用した双方向のやりとりが可能な地域のプロフェッショナルなメディアとして存在している。「誰もがマイクの前に立てる」三角山放送局ほどでなくとも、高齢化・過疎化が進む日本の地域社会では、地域住民の参加をもっと促し、地域の人々と双方向的・参加型の関係を結びながら、地域のなかの多様な経験や思い、「か細い声」を聞き取って未来につなげていくことができるはずだ。本書でみてきたように、ラジオは地域情報を伝達するだけではない。社会とのつながりを失いがちな人々に対して、他者との〈対話〉を活性化させる可能性がある。情報伝達という視点から捉えるだけではなく、多様な住民の声を聞き、また各自の経験の物語を交わし合い、未来について構想できる「対話の広場」[7]、あるいは「住民間の物語空間」としてラジオを位置づけ直してみてはどうだろうか。

哲学者の野家啓一は、「物語られた経験は、絶えざる解釈を通じて生活世界の下層に沈殿し、（略）人びとは共同体のなかにひしめきあう物語のなかで自らの物語を定位し、自らを位置づけてきた」[8]と述べている。もともと共同体のなかで人々は個々の経験を伝承し、それを共同化する言語装置として物語が機能し、人々の生に意味を与えてきたと指摘する。前近代の人々は、記録媒体が十分にあったわけではない。記録を残す必要から、ときに語り手、ときに伝え手になりながら、自分の身体を通じて共同体の物語の生成と伝承に関わっていた。逆にいえば、現代、さまざまなメディアに幾重にも囲まれた私たちは、近代化とともにそうした手法と身体を失い、物語の共同体から切り離されてしまったといえる。世間話や説話として人々が口にしてきた出来事は、専門職である新聞記者が「客観的」立場から取材し記事にしていくものになっていった。一方、物語は、印刷物の普及とともに、才能ある作家が生み出す魅力的な小説やコンテンツに取って代わられていく。強い紐帯と伝統とともに物語によって地域共同体に縛られてきた人々は、近代化によって共同体の規範や因習などから解放されて自由を得る一方、かわりに地域コミュニティと自らの物語との関係性を失い、寄る辺なさや意味の喪失を感じるようになっていく。

しかし本来、個人が経験したことを語る物語の数々は、小説などの創作物と比べてストーリーとしての求心力では劣ったところがあるとしても、自分が生きる地域社会や日常を意味で満たし、人々の生き方に影響を与えるものである。パウロ・フレイレは、文字の読み書きができることが社会参画につながるとして南アメリカで識字運動を展開して対話的教育を重視した(9)が、本書でみてきたようなリクエストやメッセージも小さな社会参画だといえるのではないだろうか。自分が発した一言から「こんなこともある」「そういえば私も」などと新たなメッセージが寄せられ、話題がどんどん展開して盛り上がっていくのがラジオの醍醐味でもある。また、こうして普通の人々が自分の経験や記憶、思いを語り、互いに意味づけあうことは、自分たちの日常や生をめぐって、商業的なマスメディアが発信する情報とは違う自らの世界観を示して創り上げていくことにもなる。実際、世界に目を移すと、各地におびただしい数のコミュニティラジオ局があって、地域の住民たちが、誰かのため、自分のために、来る日も来る日も何かをしゃべる、社会変革のツールとして重宝されてきた様子もみてきた。

パーソナリティーも、いろんな人が務めたほうがいいだろう。早川一光は臨床医として長年地域医療に携わり、ラジオ番組のパーソナリティーを三十年間務めた。九十歳過ぎまでスタジオにリスナーを招き、番組内で参加型のリアルな対話空間を実際に作り出した。この『早川一光のばんざい人間』（京都放送、一九八七―二〇一八年）の事例[10]をはじめ、専門家だけでなく、本書でみてきたような普通の人たちの経験の語りが私たちに示唆を与えてくれることは少なくない。地域には、社会福祉やビジネス、教育に携わるプロたちが活躍している。マスメディアや、アルゴリズムに制御されたネット空間では出会えない人々の声を聞くメディアが、いま、求められているのではないか。

＊

さて、なんとか最後まで書き上げることができたのは、ここまで支えてくださった方々のおかげにほかならない。社会やメディア、人について根源的な関心を育ててくださった恩師たち、周縁的なメディアやコミュニティFMについての研究会でさまざまな示唆を与えてくださった先輩方や研究仲間、自分とは異なる視点から状況説明やコメントをしてくれた大学の学生たちや同僚、友人、そして本書の原稿執筆にあたって調査に応じてくれたホスピタルラジオや「フジタイム」の関係者、突拍子もない実践に付き合って素晴らしい活動へと育ててくれた現場の方々に、心から感謝したい。

また、青弓社の矢野恵二さんをはじめ編集部のみなさんには、コロナ禍を言い訳に執筆が遅れたにもかかわらず大変丁寧に原稿を読んでもらい、読者によりわかりやすい文章の書き方を学ぶことができた。

最後に、ここ数年、自己物語の宙吊り状態に苦しんでいた私にさまざまなメッセージを通じて笑いと新しい世界観、人生観へとたどりつく手がかり、そして変わる勇気を与えてくれた、ラジオをはじめとするさまざまな「声のコンテンツ」とそのリスナー仲間にも感謝を届けたい。

本書を出版しようと思ったのは、九十歳を過ぎて自宅で看取った父の存在が大きい。仕事で故郷を離れて近くに仲間がいなかった父には一人娘の私しか話し相手がおらず、晩年は寂しさが原因でけんかになることも多かった。彼がホスピタルラジオのようなものを聞くかどうかは正直疑問だが、それでも同じように孤独を感じている人は日本に少なくないだろう。そうした人々が互いにいたわりあい、理解しあえる小さなケアのメディアが各地に立ち上がれば、これ以上の喜びはない。(11)

注

(1)齋藤建作/古閑忠通「ラジオ90年 ラジオは、聴いてみたらもっと聴きたくなる!?――非接触者への聴取依頼調査から」、ＮＨＫ放送文化研究所編「放送研究と調査」二〇一五年十二月号、ＮＨＫ出版

(2)Nielsen, *Audio today 2023: How America Listens*, Nielsen, 2023 (https://content.nielsen.com/

l/881703/2023-06-19/4vbkc/881703/16871941333sRWi36/Nielsen_2023_Audio_Today___How_America_Listens_Jun23.pdf）［二〇二四年三月三日アクセス］

（3）ＮＨＫ放送文化研究所世論調査部「国民生活時間調査」二〇二一年五月（https://www.nhk.or.jp/bunken/yoron-jikan/）［二〇二四年三月三日アクセス］

（4）前掲「PODCAST REPORT IN JAPAN ポッドキャスト国内利用実態調査2022」

（5）Kris M. Markman, "Doing radio, making friends, and having fun: Exploring the motivations of independent audio podcasters", *New Media & Society*, 14(4), Oct. 18, 2011.

（6）Ibid.

（7）北出真紀恵「〝コミュニティ〟としてのラジオスタジオ——京都放送『早川一光のばんざい人間』を事例として」、「年報人間科学」刊行会編「年報人間科学」第二十四号第二分冊、大阪大学大学院人間科学研究科社会学・人間学・人類学研究室、二〇〇三年、二六九ページ

（8）野家啓一『物語の哲学』（岩波現代文庫）、岩波書店、二〇〇五年、八二—八三ページ

（9）前掲『被抑圧者の教育学』

（10）前掲「〝コミュニティ〟としてのラジオスタジオ」

（11）小川明子研究室「かんたんなラジオのはじめかた」（https://mediaconte.net/ogawa/2024/03/howtostartradio/）［二〇二四年三月二十日アクセス］

［著者略歴］
小川明子（おがわ あきこ）
1972年、愛知県生まれ
立命館大学映像学部教授
専攻はメディア論、コミュニティメディア研究
著書に『デジタル・ストーリーテリング──声なき想いに物語を』（リベルタ出版）、共著に『ケアするラジオ──寄り添うメディア・コミュニケーション』（さいはて社）、『日本のコミュニティ放送──理想と現実の間で』（晃洋書房）、論文に「ニュース砂漠とメディア・リテラシー──ジャーナリズムのリソース調達という視点から」（「メディア情報リテラシー研究」第4巻第1号）、“From Self-help to Self-advocacy for People with Disadvantages: Narrating Problems through Japanese Community Radio”（*Community Development Journal*, bsac15）など

青弓社ライブラリー109

ケアする声《こえ》のメディア　ホスピタルラジオという希望

発行────2024年4月18日　第1刷
定価────1800円＋税
著者────小川明子
発行者───矢野未知生
発行所───株式会社青弓社
〒162-0801 東京都新宿区山吹町337
電話 03-3268-0381（代）
http://www.seikyusha.co.jp
印刷所───三松堂
製本所───三松堂

ISBN978-4-7872-3535-0　C0336